“中国移动源标准实施系列知识手册”丛书

丛书主编 丁焰 / 副主编 倪红

重型车环境保护标准实用手册

倪红 闵照源 主编

中国环境出版集团 · 北京

图书在版编目（CIP）数据

重型车环境保护标准实用手册 / 倪红，闵照源主编 . —北京：中国环境出版集团，2022.11

（“中国移动源标准实施系列知识手册”丛书）

ISBN 978-7-5111-5217-6

Ⅰ. ①重… Ⅱ. ①倪… ②闵… Ⅲ. ①重型载重汽车—汽车排气污染—污染防治—环境标准—中国—手册 Ⅳ. ①X734.201-65

中国版本图书馆 CIP 数据核字（2022）第 142438 号

出 版 人 武德凯
责任编辑 张维平
封面设计 彭 杉

出版发行 中国环境出版集团
（100062 北京市东城区广渠门内大街 16 号）
网 址：http: //www.cesp.com.cn
电子邮箱：bjgl@cesp.com.cn
联系电话：010-67112765（编辑管理部）
发行热线：010-67125803，010-67113405（传真）
印 刷 北京建宏印刷有限公司
经 销 各地新华书店
版 次 2022 年 11 月第 1 版
印 次 2022 年 11 月第 1 次印刷
开 本 787×1092 1/32
印 张 5.75
字 数 104 千字
定 价 32.00 元

前言
foreword

自 20 世纪 80 年代以来，我国制定和实施的一系列汽车排放标准在加强汽车污染防治、促进汽车行业技术进步方面发挥了重要作用。1983—1998 年，我国参照国外的成熟经验，汽车排放标准采取“先易后难、不断推进”的控制步骤，先实行怠速法和自由加速法排放标准，再开展曲轴箱排放和燃油蒸发控制标准，最后实施工况法排放标准，从而奠定了我国移动源排放标准的发展基础。并且在汽车工业发展的起步阶段，起到了规范行业、引领技术发展的作用。从 1999 年开始，我国进入排放标准快速发展阶段，汽车排放标准从国一发展到国六阶段，支撑了汽车污染减排各项管理措施的实施，在汽车行业“井喷式”发展期间，大幅度降低汽车排放总量。

近年来，我国为切实削减重型柴油车在实际道路行驶过程中的污染物排放，支撑重型柴油车达标监管和综合治理，不断创新发展测试方法、控制要求和管理方法等标准重要技术内容，形成了具有国际先进水平的重型柴油车排放标准体系。一是不断完善测试方法和限值要求。在提升标准阶段的同时，及时制订和发布补充性测试方法和限值要求，如 2014 年发布的城市车辆排放标准，提前实施世界重型车测试循环工况，对公交车在低速低负荷行驶时的污染物排放进行控制。2017 年发布的车载测量方法标准针对国五阶段排放标准的机动车在用符合性要求，补充了整车实际道路排放测试方法，解决发动机型式检验试验和整车实际运行的排放控制策略“两张皮”的问题。创新制订在用柴油车加载减速和遥感法 NO_x 排放测试方法，加强对高排放或污染控制装置严重失效的在用车辆的筛查和处罚。二是形成全覆盖监管方法。目前，我国新车排放标准和在用车排放标准无缝对接、各有侧重，形成对重型车从设计定型到使用环节的生命周期监管链条。测试方法涵盖了从实验室到实际道路的各种正常行驶状态和环境条件。三是全面支撑管理需求。车辆远程监控要求和完备的测试方法等标准内容，支撑我国“天地车人”一体化移动源监管体系的建立，支撑了汽车排放检验与维修制度、车辆排放“召回”制度等的建立和实施。

当前，移动源污染防治任务空前艰巨，“柴油车污染防治攻坚战”对各部门的监管能力提出了更高的要求，相关环保人员亟须深入理解重型车排放标准的管理作用、控制重点，全面掌握排放标准的内容、要求、测试方法、主要排放控制技术、关键环保装置等，确保在环保达标监管中精准发力、有效实施。中国环境科学研究院机动车排污监控中心承担的科技部大气专项“移动源排放标准评估及制修订方法体系研究”（2016YFC0208000），对我国移动源标准体系进行了系统的梳理和研究。在此基础上，我们编写出版一套具有较强针对性和实用性的移动源标准知识科普书籍，便于大家学习和使用。“中国移动源标准实施系列知识手册”丛书将分册出版，分别介绍移动源标准体系，汽车、摩托车和非道路移动机械等各类移动源排放标准，排放标准测试技术和排放控制技术等内容。该丛书由中国环境科学研究院机动车排污监控中心组织技术力量研究编写，丛书主编为丁焰，副主编为倪红。

本书为该丛书的第四册，全书分为七章，系统介绍了重型汽车相关排放标准的主要内容和部分标准实施相关的技术要求。第一章为重型车标准体系概述，系统介绍重型车标准体系构成和标准发展情况等内容，由倪红、陈莹编写；第二章为重型柴油车国六标准，介绍国六阶段重型柴油及天然气发动机和整车在型式检验、监督检查等环节的主要技术和管理要求，包括标准实施要求、测试方法和限值、达标检查方法和质量保证要求等，由陈莹、闵照源编写；第三章为重型柴油车国五标准，重点从国四、国五车的在用符合性检查角度，介绍重型柴油及天然气车国五标准中相关的主要技术和管理要求，由刘剑、刘亚飞编写；第四章为重型汽油车排放标准，对适用于新生产重型汽油车的国四阶段排放标准、燃油蒸发和曲轴箱排放标准等进行介绍，由刘嘉编写；第五章为重型在用车排放标准及管理制度，介绍适用于重型汽油车和天然气车的双怠速法测试标准、适用于重型柴油车自由加速及加载减速法测试标准、遥感检测法标准和汽车排放检验与维修制度，由刘嘉编写；第六章为柴油车排放远程监控技术管理应用方法，较为具体地介绍了远程监控安装要求、数据要求和平台要求等技术内容，由李刚编写；第七章为 PEMS 测试方法，介绍了相关的排放标准及其适用车型和管理范围，重点说明了测试方法和技术要求，由祖雷编写。

本书在编写过程中得到了袁盈、刘宪、马海燕等专家的指导，刘志良进行了部分图片的美术加工，出版社的多位同志也为本书的顺利出版付出了巨大努力，在此致以诚挚的谢意。本书由国家重点研发计划“移动源排放标准评估与制修订方法体系研究”项目（2016YFC0208000）支持编写，由招商局检测车辆技术研究院有限公司（国家客车质量检验检测中心）资助出版。

我国重型车排放标准技术体系比较复杂，本书在有限的篇幅内无法全面描述所有内容，由于作者的知识水平和能力有限，书中难免有不妥之处，恳请广大读者不吝赐教和指正。

编　者

2022 年 6 月于北京

目录

contents

第一章　重型车标准体系概述

第一节　重型车标准体系构成

重型车环境保护标准主要包括污染物排放标准、噪声排放标准和配套排放标准实施的其他环境保护标准等（图 1-1）。

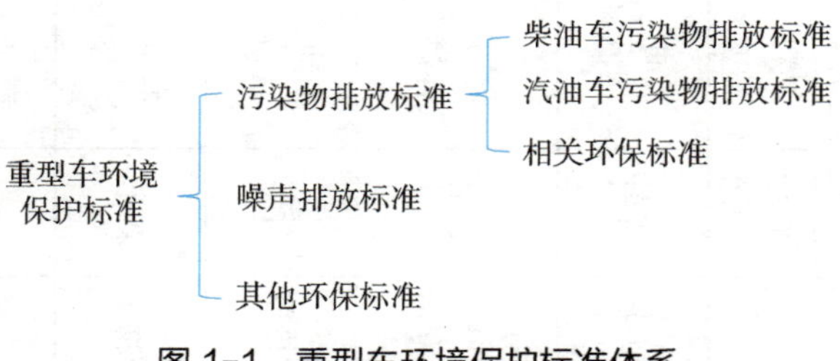

图 1-1　重型车环境保护标准体系

一、污染物排放标准

国家现行有效的重型车大气污染物排放标准共有 10 项，包括 7 项新车排放标准，即 4 项重型柴油车（含天然气车）污染物排放标准和 3 项重型汽油车污染物排放标准；3 项在用车排放标准，分别适用于汽油车（含天然气车）和柴油车，其中 2 项标准也同时适用于新车。详见表 1-1。

表 1-1　现行有效的重型车大气污染物排放标准

序号	标准编号、名称	适用范围		受控污染物种类
		新车 / 在用车	燃料类型	
1	GB 17691—2018 重型柴油车污染物排放限值及测量方法（中国第六阶段）	新车	柴油、气体燃料	排气污染物：CO、THC、NMHC、CH_4、NO_x、NH_3、PM、PN、烟度 曲轴箱：HC 排放
2	GB 17691—2005 车用压燃式、气体燃料点燃式发动机与汽车排气污染物排放限值及测量方法（中国Ⅲ、Ⅳ、Ⅴ阶段）	新车	柴油、气体燃料	排气污染物：CO、HC、NO_x、PM、烟度
3	HJ 689—2014 城市车辆用柴油发动机排气污染物排放限值及测量方法（WHTC 工况法）	新车	柴油、气体燃料	排气污染物：CO、HC、NO_x、PM、烟度
4	HJ 857—2017 重型柴油车、气体燃料车排气污染物车载测量方法及技术要求	新车	柴油、气体燃料	排气污染物：CO、NO_x、HC（仅报告，可选项）、PM（仅报告，可选项）
5	GB 14762—2008 重型车用汽油发动机与汽车排气污染物排放限值及测量方法（中国Ⅲ、Ⅳ阶段）	新车	汽油、气体燃料	排气污染物：CO、HC、NO_x

续表

序号	标准编号、名称	适用范围		受控污染物种类
		新车 / 在用车	燃料类型	
6	GB 14763—2005 装用点燃式发动机重型汽车燃油蒸发污染物排放限值及测量方法（收集法）	新车	汽油	燃油蒸发：HC 排放
7	GB 11340—2005 装用点燃式发动机重型汽车曲轴箱污染物排放限值及测量方法	新车	汽油	曲轴箱通风口处的压强
8	GB 18285—2018 汽油车污染物排放限值及测量方法（双怠速法及简易工况法）	新车、在用车	汽油、气体燃料	排气污染物（双怠速法）：CO、HC；排气污染物（简易工况法）：CO、HC、NO_x
9	GB 3847—2018 柴油车污染物排放限值及测量方法（自由加速法及加载减速法）	新车、在用车	柴油	排气污染物（自由加速烟度法、全负荷烟度法）：烟度
10	HJ 845—2017 在用柴油车排气污染物测量方法及技术要求（遥感检测法）	在用车	柴油	排气污染物（遥感检测法）：烟度（不透光度或林格曼黑度）、NO（仅用于筛查高排放车）

对于新生产重型柴油车和天然气车，目前尽管已经实施国六阶段排放标准（GB 17691—2018），国五阶段排放标准（GB 17691—2005）中在用符合性相关内容依然有效。重型柴油车车载测量标准（HJ 857—2017）尽管测试对象是在用车，但监管对象是汽车生产厂，测试目的是在实际使用条件下考察批量生产车辆的排放控制策略和耐久性是否满足新车标准要求，因此 HJ 857—2017 的适用范围为新车。

我国还发布了一系列与重型车污染物排放相关的环境保护标准，以辅助排放标准的有效实施，现行有效的有 5 个标准，其中 2 个标准适用于对符合国四、国五阶段排放标准的重型柴油车进行在用符合性检查，3 个标准对安装远程监控系统的重型柴油车规范了具体技术要求，其标准编号、名称、适用范围及主要作用见表 1-2。

表 1-2 国家现行有效的其他重型车环境保护标准

序号	标准编号、名称	适用范围		主要作用
		新车 / 在用车	燃料类型	
1	HJ 437—2008 车用压燃式、气体燃料点燃式发动机与汽车车载诊断（OBD）系统技术要求	新车	柴油、气体燃料	对 GB 17691—2005 进行技术支撑，补充 OBD 具体技术要求
2	HJ 439—2008 车用压燃式、气体燃料点燃式发动机与汽车在用符合性技术要求	新车	柴油、气体燃料	对 GB 17691—2005 进行技术支撑，补充在用符合性检查具体技术要求

续表

序号	标准编号、名称	适用范围		主要作用
		新车 / 在用车	燃料类型	
3	HJ 1239.1—2021 重型车排放远程监控技术规范　第 1 部分　车载终端	新车 / 在用车	柴油、气体燃料	针对安装在重型车上用于采集、存储和传输车辆 OBD 信息和发动机排放数据的设备装置，规定了功能要求、性能要求、测试方法等
4	HJ 1239.2—2021 重型车排放远程监控技术规范　第 2 部分　企业平台			
5	HJ 1239.3—2021 重型车排放远程监控技术规范　第 3 部分　通信协议及数据格式			

二、噪声排放标准和其他环保标准

适用于汽车的噪声排放标准主要有 2 项，分别是适用于新车的《汽车加速行驶车外噪声限值及测量方法》（GB 1495—2002）和适用于在用车的《汽车定置噪声限值》（GB 16170—1996）。目前，这两项标准都在修订中。

自 2007 年以来，国家相继发布了多项车内空气质量标准，旨在提升车内的空气质量，保护乘车人员身体健康。相关标准概况见表 1-3。

表 1-3 车内空气质量相关标准

序号	标准编号、标准名称	适用范围	发布单位
1	GB/T 27630—2011 乘用车内空气质量评价指南	乘用车	国家质量监督检验检疫总局、环境保护部
2	HJ/T 400—2007 车内挥发性有机物和醛酮类物质采样测定方法	M_1类、M_2类、M_3类、N类车辆	国家环保总局
3	GB/T 17729—2009 长途客车内空气质量要求	各类营运长途客车及其他客车	国家质量监督检验检疫总局、国家标准化管理委员会
4	GB/T 28370—2012 长途客车内空气质量检测方法	长途客车及其他客车	国家质量监督检验检疫总局、国家标准化管理委员会

上述标准均为非强制性实施标准，但《长途客车内空气质量要求》（GB/T 17729—2009）由于被国家强制性标准《专用校车安全技术条件》（GB 24407—2012）引用而得以强制性实施。GB 24407—2012 针对车内空气质量控制，规定了车内空气成分应符合 GB/T 17729 的要求，空气质量检测方法按 GB/T 28370 执行。

第二节　排放标准发展历程

一、标准发布和实施时间

1. 新生产车标准发布和实施时间

（1）起步阶段

我国重型车排放标准是进行环境管理、污染减排的重要抓手，标准分阶段逐步加严，对削减汽车污染物排放量、促进污染治理技术进步、规范汽车和零部件行业健康可持续发展发挥了重要作用。我国第一批重型车排放标准于 1983 年由城乡建设环境保护部发布，见表 1-4。标准实施时间为 1984 年 4 月 1 日。

表 1-4　我国第一批重型车排放标准

序号	标准编号	标准名称	适用范围	
			新车 / 在用车	轻型 / 重型
1	GB 3843—83	柴油车自由加速烟度排放标准	新车和在用车	轻型和重型
2	GB 3846—83	柴油车自由加速烟度测量方法		
3	GB 3844—83	汽车柴油机全负荷烟度排放标准	新车	重型
4	GB 3847—83	汽车柴油机全负荷烟度测量方法		

续表

序号	标准编号	标准名称	适用范围	
			新车/在用车	轻型/重型
5	GB 3842—83	汽油车怠速污染物排放标准	新车和在用车	轻型和重型
6	GB 3845—83	汽油车怠速污染物测量方法		

1989年，国家环境保护局发布了《汽车曲轴箱排放物测量方法及限值》（GB 11340—89），该标准于1990年1月1日实施。该标准适用于汽车用发动机，没有限定燃料种类，既适用于柴油车也适用于汽油车，但由于柴油车曲轴箱排放污染物的浓度很低，当时标准实施的对象重点是汽油车。该标准于1993年被重新发布，其编号和内容没有变化。同时发布的《汽车曲轴箱污染物排放标准》（GB 14761.4—93）对GB 11340—89的限值进行了修订，汽车曲轴箱污染物测量方法仍按GB 11340—89的规定执行，适用范围调整为仅适用于车用汽油发动机。

1993年，国家环境保护局对GB 3843—83、GB 3844—83和GB 3846—83等多项柴油车排放标准进行了修订，分别由GB 14761.6—93、GB 14761.7—93和GB/T 3846—93代替。修订后的柴油车相关排放限值和测量方法标准见表1-5。

表 1-5　1993 年发布的柴油车排放标准

<table>
<tr><th rowspan="2">序号</th><th rowspan="2">标准编号</th><th rowspan="2">标准名称</th><th colspan="2">适用范围</th></tr>
<tr><th>新车 / 在用车</th><th>轻型 / 重型</th></tr>
<tr><td>1</td><td>GB 14761.6—93</td><td>柴油车自由加速烟度排放标准</td><td rowspan="2">新车和在用车</td><td rowspan="2">轻型和重型</td></tr>
<tr><td>2</td><td>GB/T 3846—93</td><td>柴油车自由加速烟度的测量　滤纸烟度法</td></tr>
<tr><td>3</td><td>GB 14761.7—93</td><td>汽车柴油机全负荷烟度排放标准</td><td>新车</td><td>轻型和重型</td></tr>
</table>

对于汽油车，我国于 1993 年首次发布了适用于新车检验的工况法排气污染物、燃油蒸发污染物排放标准，并对原怠速排放标准和曲轴箱排放标准进行了修订，见表 1-6。这些标准于 1994 年 5 月 1 日实施。

表 1-6　1993 年发布的汽油车排放标准

<table>
<tr><th rowspan="2">序号</th><th rowspan="2">标准编号</th><th rowspan="2">标准名称</th><th colspan="2">适用范围</th></tr>
<tr><th>新车 / 在用车</th><th>轻型 / 重型</th></tr>
<tr><td>1</td><td>GB 14761.2—93</td><td>车用汽油机排气污染物排放标准</td><td rowspan="2">新车</td><td rowspan="2">重型</td></tr>
<tr><td>2</td><td>GB/T 14762—93</td><td>车用汽油机排气污染物试验方法</td></tr>
<tr><td>3</td><td>GB 14761.5—93</td><td>汽油车怠速污染物排放标准</td><td rowspan="2">新车和在用车</td><td rowspan="2">轻型和重型</td></tr>
<tr><td>4</td><td>GB/T 3845—93</td><td>汽油车排气污染物的测量　怠速法</td></tr>
</table>

续表

序号	标准编号	标准名称	适用范围	
			新车 / 在用车	轻型 / 重型
5	GB 14761.3—93	汽油车燃油蒸发污染物排放标准	新车	轻型和重型
6	GB/T 14763—93	汽油车燃油蒸发污染物的测量 收集法		
7	GB 14761.4—93	汽车曲轴箱污染物排放标准	新车和在用车	轻型和重型

（2）国一和国二阶段

2001 年，国家环境保护总局发布的《车用压燃式发动机排气污染物排放限值及测量方法》（GB 17691—2001）标准中首次规定了新生产重型柴油车的工况法排放控制要求，提出了国一、国二阶段的排放限值、测量方法等技术内容，主要参考欧洲第Ⅰ、Ⅱ阶段法规。国一、国二阶段标准开始实施时间分别为 2001 年和 2004 年。

2002 年，对于重型汽油车发布了《车用点燃式发动机及装用点燃式发动机汽车排气污染物排放限值及测量方法》（GB 14762—2002），规定了点燃式发动机国一和国二阶段的型式核准和生产一致性检查试验的排放限值和测量方法，代替了《车用汽油机排气污染物排放标准》

（GB 14761.2—93）和《车用汽油机排气污染物试验方法》（GB/T 14762—93）。国一和国二阶段标准开始实施时间分别是 2003 年和 2004 年。

（3）国三、国四和国五阶段

2005 年发布的《车用压燃式、气体燃料点燃式发动机与汽车排气污染物排放限值及测量方法（中国Ⅲ、Ⅳ、Ⅴ阶段）》（GB 17691—2005）中规定了国三、国四、国五阶段的排放限值、测试方法和实施时间等内容，是对 GB 17691—2001 的修订，并代替了《车用点燃式发动机及装用点燃式发动机汽车排气污染物排放限值及测量方法》（GB 14762—2002）中的气体燃料点燃式发动机部分。国三、国四、国五阶段标准实施时间比标准规定时间有所推迟，分别为 2008 年、2013 年和 2017 年。在此期间，2014 年发布的《城市车辆用柴油发动机排气污染物排放限值及测量方法（WHTC 工况法）》（HJ 689—2014），作为对 GB 17691—2005 的补充，解决城市运行车辆低速低负荷行驶情况下的排放问题，此标准于 2015 年实施。于 2017 年发布的《重型柴油车、气体燃料车排气污染物车载测量方法及技术要求》（HJ 857—2017），作为对 GB 17691—2005 的补充，规定了重型车实际道路运行排气污染物车载测量方法及技术要求，此标准于 2017 年实施。详见本书第三章。

2008年发布的《重型车用汽油发动机与汽车排气污染物排放限值及测量方法（中国Ⅲ、Ⅳ阶段）》（GB 14762—2008），该标准规定了国三、国四阶段重型车用汽油发动机与汽车排气污染物的排放限值及测量方法等内容，代替了GB 14762—2002。国三和国四阶段标准开始实施时间分别是2010年和2013年。2005年发布的《装用点燃式发动机重型汽车曲轴箱污染物排放限值及测量方法》（GB 11340—2005），是在GB 14761.4—93和GB 11340—89的基础上，参考轻型汽车污染物排放限值及测量方法（GB 18352.2—2001）中的部分技术内容进行修订而形成的（详见本书第四章），开始实施时间是2005年7月1日。

（4）国六阶段

2018年生态环境部发布了《重型柴油车污染物排放限值及测量方法（中国第六阶段）》（GB 17691—2018），此标准代替了GB 17691—2005和GB 11340—2005中气体燃料点燃式发动机部分的内容（详见本书第二章）。此标准自2019年起分阶段、分车辆类型逐步实施。

（5）各阶段标准实施时间

重型车大气污染物排放标准实施时间如表1-7所示。

表 1-7　重型车大气污染物排放标准实施时间

<table>
<tr><th rowspan="2">排放阶段
车类型</th><th>国一</th><th>国二</th><th>国三</th><th>国四</th><th colspan="2">国五</th><th colspan="2">国六</th></tr>
<tr><th>生产一致性</th><th>生产一致性</th><th>注册登记销售和使用</th><th>注册登记销售和使用</th><th>销售和注册登记（东部11省市）</th><th>销售和注册登记（全国）</th><th>销售和注册登记（6a）</th><th>销售和注册登记（6b）</th></tr>
<tr><td rowspan="3">重型柴油车</td><td rowspan="3">2000.9.1</td><td rowspan="3">2004.9.1</td><td rowspan="3">2008.7.1（增加半年销售库存）</td><td>2013.7.1（推迟两年半）</td><td>公交、环卫、邮政用途：2016.4.1（推迟3年3个月）</td><td>客车和公交、环卫、邮政用途：2017.1.1（推迟4年）；所有：2017.7.1（推迟4年半）</td><td rowspan="3">城市车辆：2020.7.1
所有：2021.7.1</td><td rowspan="3">2023.7.1</td></tr>
<tr><td colspan="3">WHTC：2015.1.1</td></tr>
<tr><td colspan="2">–</td><td>PEMS：2017.10.1</td></tr>
<tr><td>重型气体燃料车</td><td>2000.9.1</td><td>2004.9.1</td><td>2008.7.1（增加半年销售库存）</td><td>2011.1.1</td><td colspan="2">2013.1.1</td><td>2019.7.1</td><td>2021.1.1</td></tr>
<tr><td>重型汽油车</td><td>2003.7.1</td><td>2004.9.1</td><td>2010.7.1</td><td>2013.7.1</td><td colspan="2">—</td><td colspan="2">—</td></tr>
</table>

2. 在用车标准发布和实施时间

（1）首次发布

我国第一批在用车排放标准于 1983 年由城乡建设环境保护部发布，见表 1-8。标准实施时间为 1984 年 4 月 1 日。

表 1-8　我国第一批在用车排放标准

<table>
<tr><th rowspan="2">序号</th><th rowspan="2">标准编号</th><th rowspan="2">标准名称</th><th colspan="2">适用范围</th></tr>
<tr><th>新车 / 在用车</th><th>轻型 / 重型</th></tr>
<tr><td>1</td><td>GB 3843—83</td><td>柴油车自由加速烟度排放标准</td><td rowspan="2">新车和在用车</td><td rowspan="2">轻型和重型</td></tr>
<tr><td>2</td><td>GB 3846—83</td><td>柴油车自由加速烟度测量方法</td></tr>
<tr><td>3</td><td>GB 3842—83</td><td>汽油车怠速污染物排放标准</td><td rowspan="2">新车和在用车</td><td rowspan="2">轻型和重型</td></tr>
<tr><td>4</td><td>GB 3845—83</td><td>汽油车怠速污染物测量方法</td></tr>
</table>

（2）第一次修订

1993 年，国家环境保护局对 1983 年发布的在用车污染物排放标准进行了修订。发布了《汽油车怠速污染物排放标准》（GB 14761.5—93）和《柴油车自由加速烟度排放标准》（GB 14761.6—93），这两项标准既适用于在用车，也适用于新车。同时发布了 2 项测试方法标准用以支撑上述标准的实施，分别是《汽油车排气污染物的测量　怠速法》（GB/T 3845—93）和《柴油车自由加速烟

度的测量　滤纸烟度法》（GB/T 3846—93）。

1993 年发布的《汽车曲轴箱污染物排放标准》（GB 14761.4—93）对 GB 11340—89 的限值进行了修订，汽车曲轴箱污染物的测量方法仍按 GB 11340—89 执行。该标准适用范围调整为车用汽油发动机，并新增了对运行 8 万 km 以内汽车的控制要求。

（3）第二次修订

2005 年，国家环境保护总局发布了《车用压燃式发动机和压燃式发动机汽车排气烟度排放限值及测量方法》（GB 3847—2005），对之前发布的柴油车自由加速烟度和全负荷烟度相关标准进行了修订与合并，包括 GB 14761.6—93、GB/T 3846—93、GB 14761.7—93 和 GB 3847—83。还发布了《确定压燃式发动机在用汽车加载减速法排气烟度排放限值的原则和方法》（HJ/T 241—2005）以支撑地方环境保护主管部门制订适用于当地的排放限值。此后，为支撑以上标准的实施，还发布了一系列环境保护标准，规定了相关测试设备及车载诊断（OBD）系统的检测方法等技术要求。

同时发布的《点燃式发动机汽车排气污染物排放限值及测量方法（双怠速法及简易工况法）》（GB 18285—2005），对 GB 14761.5—93 和 GB/T 3845—93 进行了修订与合并，规定了点燃式发动机汽车怠速和高怠速工况排气污染物排放限值及测量方法，规定了稳态工况法、瞬态工况法和简易瞬态工况法等三种简易工况测量方法，增加了高怠速工况排放限值和对过量空气系数（λ）的要求。

（4）第三次修订

2018年，生态环境部发布的《柴油车污染物排放限值及测量方法（自由加速法及加载减速法）》（GB 3847—2018）对《车用压燃式发动机和压燃式发动机汽车排气烟度排放限值及测量方法》（GB 3847—2005）和《确定压燃式发动机在用汽车加载减速法排气烟度排放限值的原则和方法》（HJ/T 241—2005）进行了修订，在加严原标准限值的同时，首次提出了氮氧化物测试和外观检验等要求。

同时发布的《汽油车污染物排放限值及测量方法（双怠速法及简易工况法）》（GB 18285—2018），是对GB 18285—2005和HJ/T 240—2005的修订。由原来侧重于排放限值和测量方法，调整为外观检验、OBD检验、上线检测等各个检验项目并重。同时也规定了注册登记、转移登记等检验环节或检测项目（详见第五章）。

此外，2017年首次发布的《在用柴油车排气污染物测量方法及技术要求（遥感检测法）》（HJ 845—2017）规定了遥感检测法的污染物排放测量方法、仪器安装要求、结果判定原则和排放限值等，用以检测在实际道路上行驶的柴油车的污染物排放状况。

（5）标准实施时间

我国在用车环境管理主要通过执行排气污染物排放标准来实现，标准的实施时间进程见图 1-2。

图 1-2 在用车排放标准实施时间进程

二、标准限值不断加严

1. 新生产车排放标准

从国一到国六，新生产重型柴油车的单车各项污染物排放限值分别下降了 67%～97%（表 1-9、图 1-3），引领我国汽车排放环保技术水平跨越了欧洲 20 多年的发展历程。

表 1-9 我国重型柴油车国一至国六阶段排放标准的污染物排放限值变化 (1)

阶段	CO/[g/(kW·h)]	THC/[g/(kW·h)]	NO_x/[g/(kW·h)]	PM/[g/(kW·h)]	PN/[个/(kW·h)]	$NH_3/10^{-6}$
国一	4.5	1.1	8.0	0.36	—	—
国二	4.0	1.1	7.0	0.15	—	—
国三	2.1	0.66	5.0	0.10	—	—
国四	1.5	0.46	3.5	0.02	—	— (3)
国五	1.5	0.46	2.0	0.02	—	— (3)
国六 (2)	1.5	0.13	0.4	0.01	8×10^{11}	10
削减比例 /%	67	88	95	97	—	—

(1) 表中仅列出发动机型式试验限值要求。

(2) 测试工况由 ESC 改为 WHSC，限值适用于所有功率段的发动机。

(3) 根据 HJ 437 中提出的要求，从国四阶段开始，NH_3 的排放平均值不得超过 25×10^{-6}。

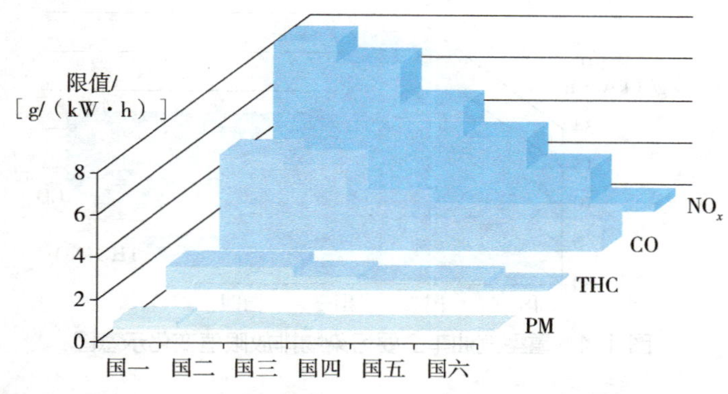

图 1-3　重型柴油车主要污染物排放限值变化示意

重型汽油车目前执行国四标准，与国一标准相比，排放限值总体加严了 71%～93%，每阶段排放限值变化见表 1-10 和图 1-4。

表 1-10　我国重型汽油车国一至国四阶段排放标准的污染物排放限值变化

阶段	CO/[g/(kW·h)]	THC+NO_x/[g/(kW·h)]	THC/[g/(kW·h)]	NO_x/[g/(kW·h)]
国一	34	14	—	—
国二	9.7	4.1	—	—
国三	9.7	—	0.41	0.98
国四	9.7	—	0.29	0.7
削减比例 /%	71	93 (1)	—	—

(1) 从国三阶段开始，标准中分别设置 THC 和 NO_x 限值。THC+NO_x 削减比例以 THC 和 NO_x 的加和值进行计算。

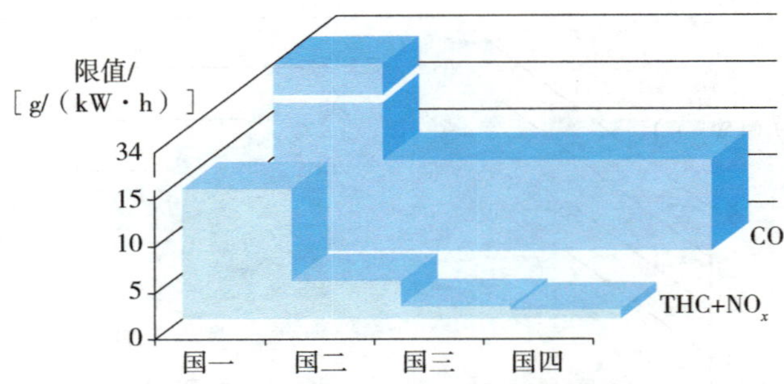

图 1-4 重型汽油车主要污染物排放限值变化示意图

2. 在用车排放标准

新生产车排放标准的主要作用是提升排放控制技术，国际上习惯用不同“阶段”来称呼不同时期的排放标准。在用车排放标准的主要作用是支撑在用车环保管理工作，确保在用车得到正常的维护保养，对污染控制装置严重失效的高排放车辆进行识别。为了加强对在用车的环保管理，并且适应逐步应用先进排放控制技术车辆的排放特性，在用车排放标准需要不断升级。因此，我国在用车排放标准在检查项目、测试方法和排放限值等方面逐步加强要求。

（1）在用柴油车标准

现行有效的在用柴油车排放标准《柴油车污染物排放限值及测量方法（自由加速法及加载减速法）》（GB 3847—2018）与 GB 3847—2005 相比，增加了加载减速法烟度和 NO_x 排放要求，以及林格曼黑度法及其限值，自由加速烟度法限值也有所加严（表 1-11）。

表 1-11 在用车和注册登记排放检验排放限值

标准编号	类别	自由加速法	加载减速法		林格曼黑度法
		光吸收系数 /m^{-1} 或不透光度 /%	光吸收系数 /m^{-1} 或不透光度 /%[(1)]	$NO_x/10^{-6}$[(2)]	林格曼黑度 / 级
GB 3847—2005	2001 年后生产	自然吸气式：2.5 涡轮增压式：3.0	采用加载减速工况法的地区，应制定地方排气烟度排放限值，经省级人民政府批准，报国务院环境保护行政主管部门备案后实施		—
	2005 年后生产	车型核准批准的烟度排放限值加 0.5m^{-1}			
GB 3847—2018	限值 a	1.2（40）	1.2（40）	1 500	1
	限值 b	0.7（26）	0.7（26）	900	

(1) 海拔高度高于 1 500 m 的地区加载减速法可以按照每增加 1 000 m 增加 0.25 m^{-1} 幅度调整，总调整不得超过 0.75 m^{-1}；

(2) 2020 年 7 月 1 日前限值 b NO_x 过渡值为 1 200 × 10^{-6}

（2）在用汽油车标准

我国目前执行的在用汽油车排放标准《汽油车污染物排放限值及测量方法（双怠速法及简易工况法）》（GB 18285—2018），与 GB 18285—2005 相比，增加了 3 种简易工况法的排放限值，并要求在用车环保定期检验应采用简易工况法，地方环保部门可选用 3 种方法中的任意一种进行检验，对无法使用简易工况法检验的车辆可采用双怠速法。同时，该标准加严了双怠速法排放限值，以 2004 年后生产的重型车为例，怠速法 b 类限值下降了 73%～84%（标准限值见表 1-12）。

三、标准管理内容逐步完善

我国重型车排放标准的内容包括排放测试方法和限值、排放控制总体要求和达标管理要求等。从国一标准开始，各阶段新车标准和在用车标准除了完善测试方法和加严限值外，也不断提高相关控制要求、完善管理要求，越来越利于环保管理工作的开展。

表 1-12　在用汽油车排气污染物排放限值

标准编号	测试方法		限值类别	污染物项目		
				CO/%	HC/10^{-6}	NO/10^{-6}
GB 18285—2005	双怠速法	怠速	1995 年后生产重型车	4.5	1200	无要求
			2004 年后生产重型车	1.5	250	
		高怠速	1995 年后生产重型车	3.0	900	
			2004 年后生产重型车	0.7	200	
GB 18285—2018	双怠速法	怠速	限值 a	0.6	80	无要求
			限值 b	0.4	40	
		高怠速	限值 a	0.3	50	
			限值 b	0.3	30	

续表

<table>
<tr><th rowspan="2">标准编号</th><th colspan="2" rowspan="2">测试方法</th><th rowspan="2">限值类别</th><th colspan="12">污染物项目</th></tr>
<tr><th colspan="4">CO/%</th><th colspan="4">HC/10^{-6}</th><th colspan="4">NO/10^{-6}</th></tr>
<tr><td rowspan="9">GB 18285—2018</td><td rowspan="4">稳态工况法</td><td rowspan="2">ASM5025</td><td>限值 a</td><td colspan="4">0.50</td><td colspan="4">90</td><td colspan="4">700</td></tr>
<tr><td>限值 b</td><td colspan="4">0.35</td><td colspan="4">47</td><td colspan="4">420</td></tr>
<tr><td rowspan="2">ASM2540</td><td>限值 a</td><td colspan="4">0.40</td><td colspan="4">80</td><td colspan="4">650</td></tr>
<tr><td>限值 b</td><td colspan="4">0.30</td><td colspan="4">44</td><td colspan="4">390</td></tr>
<tr><td colspan="2"></td><td></td><td colspan="3">CO/(g/km)</td><td colspan="3">HC/(g/km)[1]</td><td colspan="3">NO_x/(g/km)</td><td colspan="3">HC+NO_x/(g/km)</td></tr>
<tr><td colspan="2" rowspan="2">简易瞬态工况法</td><td>限值 a</td><td colspan="3">8.0</td><td colspan="3">1.6</td><td colspan="3">1.3</td><td colspan="3">—</td></tr>
<tr><td>限值 b</td><td colspan="3">5.0</td><td colspan="3">1.0</td><td colspan="3">0.7</td><td colspan="3">—</td></tr>
<tr><td colspan="2" rowspan="2">瞬态工况法</td><td>限值 a</td><td colspan="3">3.5</td><td colspan="3">—</td><td colspan="3">—</td><td colspan="3">1.5</td></tr>
<tr><td>限值 b</td><td colspan="3">2.8</td><td colspan="3">—</td><td colspan="3">—</td><td colspan="3">1.2</td></tr>
</table>

(1) 对于装用天然气为燃料点燃式发动机汽车，该项目为推荐性要求。

1. 车辆设计、定型环节

国一和国二阶段标准学习欧美的做法，要求车辆生产企业在新车型的设计、定型环节进行型式认证。从国三阶段开始，根据我国依法行政的相关需求，将型式认证转变为型式核准。2016 年我国依法建立了以企业自律为主的机动车船环保信息公开制度，国六阶段标准提出了新车型信息公开的技术要求。

2. 批量生产环节

为确保批量生产的车辆能够达到标准规定的环保要求，我国新车排放标准从国一阶段开始提出生产一致性检查要求，其后各阶段标准不断增加生产一致性检查测试项目，并且持续优化达标判定方法以提高环保达标监管工作的可操作性。

3. 车辆使用环节

为进一步保障车辆污染控制装置耐久性符合标准要求，我国新车排放标准从国四阶段开始提出在用符合性要求，对正常使用的一定行驶里程范围内的在用车辆按照新车标准进行检测。从 2017 年起，对国五阶段车辆的检查方法从发动机的实验室台架测试转变为整车道路行驶车载检测。

国六标准首次提出重型车排放远程在线监控要求，使每辆车的排放问题无所遁形。提出排放控制关键零部件质量保证要求，在确保排放控制系统正常工作的同时，充分保障广大车辆使用者的权益。

在用车排放标准在不断修订的过程中，由原来仅侧重于排放限值和测量方法，调整为外观检验、OBD 检验、上线检测等各个检验项目并重。同时也规定了注册登记、转移登记等环节检验或检测项目。增加了遥感检测标准，以加强对上路车辆的监管。

第三节　达标技术发展情况

随着标准的不断加严，柴油车机内净化和机外净化技术快速升级。机内净化技术方面，燃油系统从机械控制到电控燃油喷射，从单体泵到高压共轨，喷射压力不断提高；进气系统从增压中冷到两级增压、可变截面增压器（Variable Geometry Turbocharger，VGT）等，更精细化的控制技术有效地改善了柴油机的燃烧过程，提高了柴油机的动力性和经济性，从而降低了原机污染物的排放。机外净化技术方面，从单一使用柴油机氧化催化器（Diesel Oxidation Catalyst，DOC），逐步发展到由选择性还原催化器（Selective Catalytic Reduction，SCR）、稀燃氮氧化物捕集器（Lean-burn NO_x Trap，LNT）、柴油机颗粒捕集器（Diesel Particulate Filter，DPF）和氨逃逸催化器（Ammonia Slip Catalyst，ASC）等共同组成的排气后处理系统。机内净化技术和机外净化技术相互匹配，满足了不同阶段柴油机排放标准的控制要求（表 1-13）。

表 1-13　不同阶段柴油机排放控制技术发展

排放阶段	典型机内净化技术	典型机外净化技术
国一	机械式燃油泵	无
国二	机械式燃油泵（喷油压力增大）+增压中冷	无
国三	电控喷射系统（电控单体泵、高压共轨）+ 优化燃烧 + 增压中冷	DOC（少量采用）
国四	电控喷射系统（高压共轨、喷射压力提高）+ 优化燃烧 + 增压中冷	轻型：DOC+DPF 重型：DOC+SCR
国五	电控喷射系统（高压共轨、多次喷射）+ 优化燃烧 + 增压中冷 +EGR[1]	轻型：DOC+DPF 重 型：DOC+SCR+ASC（无 EGR）
国六	电控喷射系统（高压共轨、多次喷射）+ 优化燃烧 + 增压中冷（VGT、两级增压）+EGR	轻型：DOC+DPF+SCR+ASC 或 DOC+DPF+LNT（少量采用） 重型：DOC+DPF+ 高效 SCR+ASC（无 EGR）或 DOC+DPF+SCR+ASC

[1] 废气再循环系统（Exhaust Gas Recirculation，EGR）

第四节　重要定义

一、重型车

在排放标准中，定义重型车为最大设计总质量大于3 500 kg的M_1类及所有M_2、M_3、N_2和N_3类汽车。各类重型车的具体类型和分类的技术指标依据见表1-14。

表1-14　重型车分类

重型车类型		技术指标	
		座位数（含驾驶员）	最大设计总质量
客车（M类）	M_1	≤9座	＞3 500 kg
	M_2	＞9座	3 500 kg＜总质量≤5 000 kg
	M_3	＞9座	＞5 000 kg
货车（N类）	N_1	–	≤3 500 kg
	N_2	–	3 500 kg＜总质量≤12 000 kg
	N_3	–	＞12 000 kg

二、城市车辆

根据重型柴油车国六标准的定义，城市车辆（urban vehicles）指主要在城市运行的公交车、邮政车和环卫车。

三、新车和在用车

据 GB 3847 等标准的规定，新生产汽车（new vehicle）指制造厂合格入库或出厂的汽车，简称“新车”；在用汽车（in-use vehicle）指已经注册登记并取得号牌的汽车，简称“在用车”。

新车和在用车标准的区别主要体现在责任主体和测试方法等方面。新车标准的责任主体是生产厂和进口商。新车标准体现我国环保工作“源头控制”原则，是削减机动车污染物排放的根本所在。其作用是控制新定型、新生产汽车和发动机污染物的排放，从新车设计和生产质量上把关。特点是测试方法复杂、精度高，时间长、成本高。在用车标准的责任主体是车主。它的作用有两个方面：一是监督在用车辆的工作状况，确保其工作正常和排放控制装置正常发挥作用；二是发现和淘汰排放控制装置严重失效的高排放车。相对于新车标准，在用车标准测试方法相对简便易行、精度略低，时间短、成本低。

四、污染物

重型车排放标准控制的污染物包括排气污染物、曲轴箱排放物和燃油蒸发污染物（仅对汽油车）。需注意的是，由于测试方法不同，不同标准中对污染物的定义有所差异，下面给出了部分标准中对污染物的定义。

1. 排气污染物（exhaust emissions）

排气污染物指汽车排气管排放的气态污染物和颗粒物，也称为尾气排放（tailpipe emissions）。其中：

（1）气态污染物（gaseous pollutants）

依据 GB 17691—2018 标准的规定，气态污染物指排气污染物中的一氧化碳（CO）、氮氧化物（NO_x）、碳氢化合物（HC）、非甲烷碳氢化合物（NMHC）、甲烷（CH_4）、氧化亚氮（N_2O）。其中：氮氧化物（NO_x）以二氧化氮（NO_2）当量表示；碳氢化合物（HC）指火焰离子化检测器（FID）能够检测到的所有挥发性化合物；非甲烷碳氢化合物指除甲烷外的碳氢化合物。

不同燃料类型发动机排放的碳氢化合物的碳氢比存在差异，GB 17691—2005 给出了假定碳氢比，柴油为 $CH_{1.85}$，液化石油气（LPG）为 $CH_{2.525}$，天然气（NG）的非甲烷碳氢化合物（NMHC）碳氢比为 $CH_{2.93}$，NG 的甲烷碳氢比为 CH_4。

（2）颗粒物（particulate matter，PM）

按 GB 17691—2018 标准描述的试验方法，在温度为 315 K（42℃）～325 K（52℃）的稀释排气中，由滤纸收集到的所有排气成分，主要是碳、冷凝的碳氢化合物和硫酸盐水合物。

（3）粒子数量（particle number，PN）

按 GB 17691—2018 标准所描述的试验方法，在去除了挥发性物质的稀释排气中，所有粒径超过 23 nm 的粒子总数。

2. 蒸发污染物（evaporative emissions）

依据 GB 14763—2005 标准，蒸发污染物指从汽车的燃料（汽油）系统蒸发损失的碳氢化合物，包括：

（1）燃油箱呼吸损失（昼间换气损失）：由于燃油箱内温度变化排放的碳氢化合物，用 $C_1H_{2.33}$ 当量表示。

（2）热浸损失：汽车行驶一段时间以后，静置汽车的燃油系统排放的碳氢化合物，用 $C_1H_{2.20}$ 当量表示。

第二章　重型柴油车国六标准

第一节　概述

一、适用范围及实施时间

2018 年 6 月 22 日，生态环境部与国家市场监督管理总局联合发布《重型柴油车污染物排放限值及测量方法（中国第六阶段）》（GB 17691—2018）（以下简称“重型柴油车国六标准”），公布了中国第六阶段重型汽车的排放要求。

1. 适用范围

标准适用于装用压燃式、气体燃料点燃式发动机的 M_2、M_3、N_1、N_2 和 N_3 类及总质量大于 3 500 kg 的 M_1 类汽车及其发动机，基准质量超过 2 380 kg 的变型、改装车辆也可以按该标准进行整车型式检验。

2. 实施时间

GB 17691—2018 根据主要技术要求分为 6a 阶段和 6b 阶段。标准实施时间如表 2-1 所示。

表 2-1　重型柴油车国六标准实施时间

标准阶段	车辆类型	实施时间
6a 阶段	燃气车辆	2019 年 7 月 1 日
	城市车辆	2020 年 7 月 1 日
	所有车辆	2021 年 7 月 1 日
6b 阶段	燃气车辆	2021 年 1 月 1 日
	所有车辆	2023 年 7 月 1 日

注：自标准正式实施之日起，凡不满足标准相应阶段要求的新车不得生产、进口、销售和注册登记，不满足标准相应阶段要求的新发动机不得生产、进口、销售和投入使用。

二、标准制定基本情况

重型柴油车国六标准充分考虑我国环境管理需求和排放控制技术发展现状，参考采用了欧盟第Ⅵ阶段排放法规和美国 2010 年重型车排放法规的技术内容，制定了适合我国国情的重型柴油车监督管理要求，是具有中国特色的创新型重型柴油车排放标准。重型柴油车国六标准与国五标准相比，主要在以下几个方面进行了改进。

1. 加严限值

同重型柴油车国五标准相比，国六标准大幅加严污染物排放限值，氮氧化物（NO_x）和颗粒物（PM）质量比国五阶段标准分别降低了 77% 和 67%（图 2-1），同时增加了粒子数量（PN）和氨气（NH_3）限值的要求。

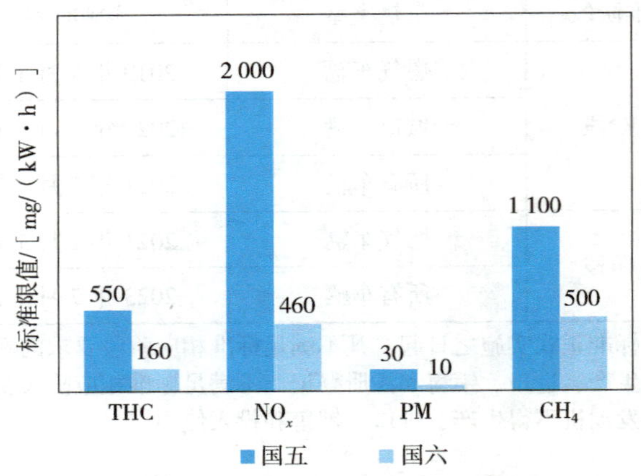

图 2-1 重型柴油车国六标准与国五标准限值比较

注：图为国六标准 WHTC 循环和国五标准 ETC 循环限值比较，CH_4 仅适用于气体燃料点燃式发动机。

2. 改变测试方法

重型柴油车国六标准中，发动机排放测试项目的稳态循环用全球统一的稳态试验循环（World Harmonized Steady state Cycle，WHSC）取代了欧洲稳态循环（European Steady state Cycle，ESC），瞬态循环用全球统一的瞬态循环（World Harmonized Transient Cycle，WHTC）取代了欧洲瞬态循环（European Transient Cycle，ETC）。

为了防止污染控制装置仅在标准测试循环下起作用，重型柴油车国六标准新增了发动机非标准循环（World Not

To Exceed，WNTE）测试和整车实际道路（Portable Emissions Measurement System，PEMS）检测的排放控制要求及对应限值。对 PEMS 工况有效数据点的 NO_x 排放浓度做了具体规定。

3. 加强耐久性要求

重型柴油车国六标准在各类车型的有效寿命规定中，均大幅增加了耐久性试验行驶里程。采用耐久性试验确定劣化系数时，最短行驶里程或时间都有所增加。

4. 增加技术要求

重型柴油车国六标准在国际上首次提出重型柴油车排放远程监控车载终端要求，从而实现对运行在道路上的车辆的实际排放情况进行实时监测，强化对已完成型式检验车型的后期监管。

针对车载诊断系统（On-Board Diagnostic System，OBD）新增了监测频率（In-Use Performance Ratio，IUPR）要求，规定所有监测项的最低实际监测频率为 0.1。

5. 完善管理要求

重型柴油车国六标准新增了排放与油耗联合管控要求和排放相关零部件质保期规定。为了防止生产企业为满足排放或油耗单项指标而针对性进行“排放版”或“油耗版”发动机标定，国六标准规定当车辆按照《重型商用车辆燃料消耗量限值》（GB 30510）进行整车油耗测量时，应同时开展污染物排放测量，并达到排放标准要求。重型柴油车国六标准增加了排放相关零部件的质保期规定，扩大生产企业对车辆零部件的质保范围，避免了用户对车辆在正常使用过程中出现的排放相关零部件问题承担维修费用。

进一步加强了生产一致性和在用符合性管理的可操作性。重型柴油车国六标准在原有新生产发动机生产一致性检查要求基础上增加了新生产车的企业达标自查要求，优化了新生产车达标监督抽查的达标判定方法。对于在用符合性检查，标准采用整车车载测试方法（PEMS）、整车OBD和NO_x控制系统检验以及远程排放管理车载终端功能检验等方法，实现了在实际道路运行的车辆上开展在用符合性监管。

三、排放控制要求管理体系

重型柴油车国六标准涵盖了从新产品型式检验到整车使用过程中的诸多技术要求、测试规定、监督检查等要求（图2-2）。

为落实《中华人民共和国大气污染防治法》要求，标准中取消了型式核准制度，转为型式检验和信息公开，由事前审批转向事中、事后监管。同时，重心也由发动机监管转向了整车监管。标准中对信息公开、新车下线检验、企业环保自查、在用符合性检查、环保监督检查等方面做出了具体规定。这就要求生产企业在设计、制造和装配等环节采取技术措施，确保车辆在正常使用条件下的全寿命周期内，能够有效控制排气污染物排放。

四、标准文本结构

标准文本包括前言、正文和附录三个部分。

正文部分主要规定了标准限值及实施管理的总体要求，共有 11 章内容，见表 2–2。

表 2–2　重型柴油车国六标准正文部分

章编号	标题名称	章编号	标题名称
1	适用范围	7	在车辆上的安装
2	规范性引用文件	8	系族和源机
3	术语和定义	9	新生产车的达标要求及检查
4	污染控制要求	10	在用符合性要求及检查
5	发动机（车辆）标牌	11	标准实施
6	技术要求和试验	—	—

附录部分主要是对各种测量方法、测量设备等进行规定，包含 17 个附录，具体内容见表 2–3。

表 2-3　重型柴油车国六标准附录

编码	标题名称
附录 A	型式检验材料
附录 B	型式检验报告格式
附录 C	发动机标准循环试验规程
附录 D	基准燃料的技术要求
附录 E	发动机非标准循环测试要求
附录 F	车载诊断（OBD）系统
附录 G	NO_x 控制系统正确运行的要求
附录 H	发动机系统的耐久性
附录 I	生产一致性保证要求及检查
附录 J	在用符合性技术要求
附录 K	实际道路行驶测量方法（PEMS）
附录 L	整车底盘测功机污染物排放测量方法
附录 M	液化石油气或天然气发动机和汽车的型式检验特殊要求
附录 N	柴气双燃料发动机和汽车的技术要求
附录 O	作为独立总成的替代用排放后处理装置的型式检验
附录 P	车辆 OBD 和车辆维修保养信息的获取
附录 Q	远程排放管理车载终端的技术要求及通信数据格式

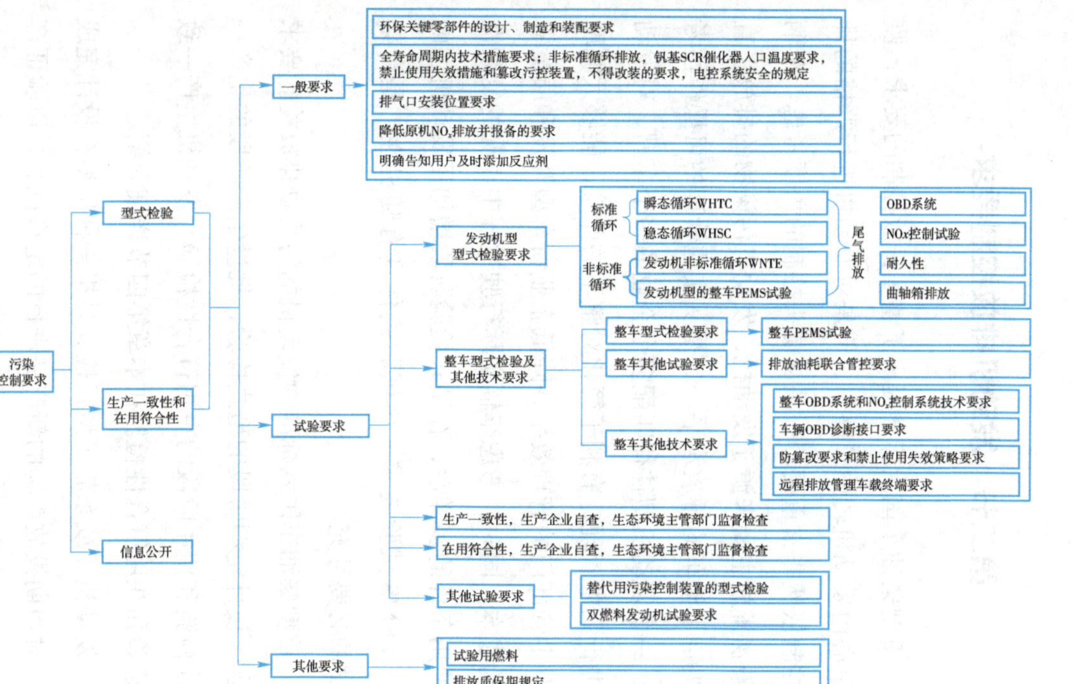

图 2-2　重型柴油车国六标准排放控制要求管理体系

第二节 发动机排放控制要求

重型柴油车国六标准提出了整车排放控制的要求，监管重心由发动机转向了整车，但是对发动机进行严格的排放控制依然非常重要。一是从源头控制的角度考虑。车辆污染物排放主要来源于发动机，发动机污染物的排放量直接决定了整车的排放水平。二是从实施管理的可操作性考虑。一个发动机型往往匹配多个企业的多个车型，对发动机进行集中管理，有利于简化对整车的监管，能够大幅度提升主管部门的管理效率并降低企业新车型开发和质量管理的成本。同时，考虑车辆实际行驶过程中工况的复杂性和使用条件的多样性，在型式检验阶段增加了发动机型的整车 PEMS 试验要求。该试验条件具有随机性，是台架测试的必要补充。

重型柴油车国六标准中发动机的污染物排放检验要求包含了设计定型阶段的型式检验、批量生产阶段的生产一致性检验和使用阶段的在用符合性检验。发动机生产一致性检验和在用符合性检验在本章第四节详细介绍。

发动机（或系族）型式检验是指一种机型在设计完成后，对预期投放市场的新产品进行的定型试验，以验证产品设计和性能能否满足排放标准技术要求，是对产品源头进行监管的检验。发动机型式检验项目如表 2-4 所示。

表 2-4　发动机型式检验项目

<table>
<tr><th colspan="3">检验项目</th><th>柴油机</th><th>单一气体燃料机</th><th>双燃料发动机[1]</th></tr>
<tr><td rowspan="6">标准循环</td><td rowspan="3">稳态工况（WHSC）</td><td>气态污染物</td><td rowspan="3">进行</td><td rowspan="3">—</td><td rowspan="3">进行</td></tr>
<tr><td>颗粒物（PM）
粒子数量（PN）</td></tr>
<tr><td>CO_2 和油耗</td></tr>
<tr><td rowspan="3">瞬态工况（WHTC）</td><td>气态污染物</td><td rowspan="3">进行</td><td rowspan="3">进行</td><td rowspan="3">进行</td></tr>
<tr><td>颗粒物（PM）
粒子数量（PN）</td></tr>
<tr><td>CO_2 和油耗</td></tr>
<tr><td rowspan="3">非标准循环</td><td rowspan="2">发动机台架非标准循环（WNTE）</td><td>气态污染物</td><td rowspan="2">进行</td><td rowspan="2">—</td><td rowspan="2">进行</td></tr>
<tr><td>颗粒物（PM）</td></tr>
<tr><td colspan="2">整车 PEMS 试验[2]</td><td>进行</td><td>进行</td><td>进行</td></tr>
<tr><td colspan="3">曲轴箱通风</td><td>进行</td><td>进行</td><td>进行</td></tr>
<tr><td colspan="3">耐久性</td><td>进行</td><td>进行</td><td>进行</td></tr>
<tr><td colspan="3">OBD</td><td>进行</td><td>进行</td><td>进行</td></tr>
<tr><td colspan="3">NO_x 控制</td><td>进行</td><td>—</td><td>进行</td></tr>
</table>

(1) 按国六标准附录 N 的要求进行型式检验；

(2) 发动机型的整车 PEMS 试验，可以是标准规定的该发动机所安装车型的 PEMS 试验之一。

一、标准试验循环测试方法及限值

1. 发动机标准全球统一的稳态循环（WHSC）

WHSC 是发动机在台架上按照标准规定顺序及运行时间连续进行 13 个稳态工况点的试验循环（如图 2-3 所示）。重型柴油车国六标准中发动机稳态试验循环用 WHSC 取代了国五阶段的 ESC（欧洲稳态循环），虽然都是 13 个稳态工况点，但 WHSC 的工况点负荷更低，更有利于测试低速、低负荷时的排放状况。不同于 ESC 的稳态点采样，WHSC 整个循环过程进行连续采样。详细测试方法见 GB 17691—2018 标准附录 C.6.7，排放限值见表 2-5。

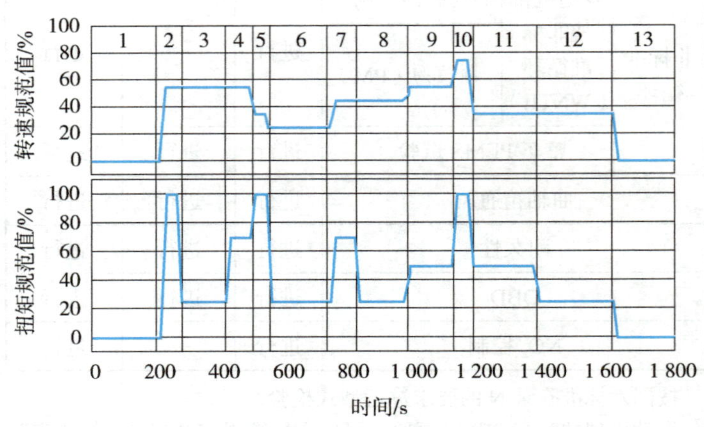

图 2-3 WHSC 工况图

2. 发动机标准全球统一的瞬态循环（WHTC）

WHTC是指发动机在台架上根据标准规定按照逐秒变化的瞬态工况运行（如图2-4所示）的试验循环。WHTC充分考虑了道路情况和车辆行驶特征，整个循环包括城市工况（49.6%）、郊区工况（26.1%）和高速工况（24.3%）。一个完整的WHTC试验包含了一个冷态试验循环和一个热态试验循环，冷态循环需环境温度在20～30℃进行，最终排放结果按照冷态14%、热态86%加权计算，排放限值见表2-5。

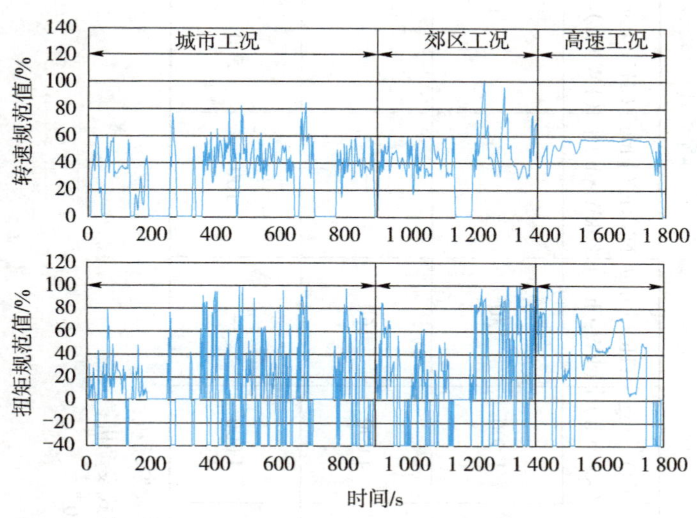

图2-4　WHTC工况图

表 2-5 发动机标准循环（WHSC/WHTC）排放限值

试验	CO/［mg/（kW·h）］	THC/［mg/（kW·h）］	NMHC/［mg/（kW·h）］	CH_4/［mg/（kW·h）］	NO_x/［mg/（kW·h）］	NH_3/ppm[3]	PM/［mg/（kW·h）］	PN/［个/（kW·h）］
WHSC 工况（CI[1]）	1 500	130	—	—	400	10	10	8.0×10^{11}
WHTC 工况（CI[1]）	4 000	160	—	—	460	10	10	6.0×10^{11}
WHTC 工况（PI[2]）	4 000	—	160	500	460	10	10	6.0×10^{11}

(1) CI= 压燃式发动机；
(2) PI= 点燃式发动机；
(3) 1 ppm=10^{-6}。

重型柴油车国六标准中发动机瞬态循环用 WHTC 取代了国五阶段的 ETC（欧洲瞬态循环）。与 ETC 相比，WHTC 中怠速比例高，发动机平均负荷较低，更接近车辆实际运行状态。由于后处理装置在排气温度较低时工作效率较低，会导致冷机时污染物排放量远高于热机状态，因此标准增加了冷启动排放测试要求。

二、非标准试验循环测试方法及限值

为保证发动机在标准循环工况外运行时排放也达标，重型柴油车国六标准新增了发动机台架非标准循环排放测试要求和限值（WNTE）和整车实际道路排放测试要求和限值（PEMS）测试。非标准循环测试具有随机性，可以有效避免排放作弊行为。

1. 发动机非标准循环（WNTE）

WNTE 是在排放控制区内随机产生 15 个工况点组成的稳态试验循环。具体做法：若发动机额定转速不大于 3 000 r/min，在控制区划分 9 个网格区域；若额定转速大于 3 000 r/min，则划分 12 个网格区域，如图 2–5 所示。然后从中随机选择 3 个网格，每个网格随机选择 5 个工况点，组成 15 个工况点的测试循环。详细测试方法见 GB 17691—2018 标准附录 E.6。

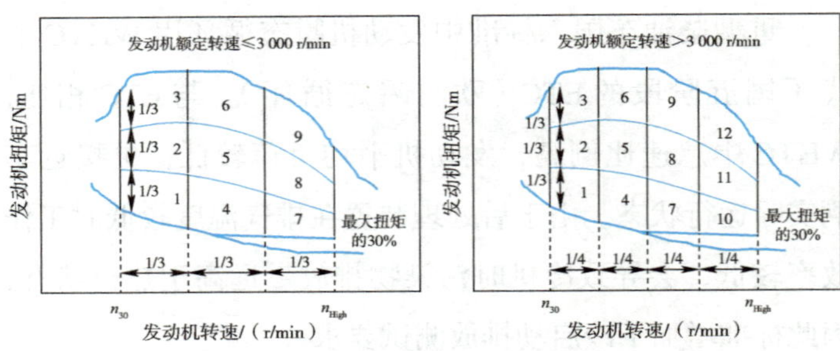

图 2-5 WNTE 试验网格

对于排气污染物，每个网格排放结果都应满足限值要求；对于颗粒物质量（PM），要求整个试验循环满足限值要求（排放限值见表 2-6）。

表 2-6 发动机非标准循环（WNTE）排放限值

试验	CO/［mg/（kW·h）］	THC/［mg/（kW·h）］	NO_x/［mg/（kW·h）］	PM/［mg/（kW·h）］
WNTE 工况	2 000	220	600	16

2. 发动机型的整车 PEMS 试验

除了发动机台架非标准循环（WNTE）外，重型柴油车国六标准还要求验证发动机安装在整车之后实际道路行驶时的污染物排放情况，即需要进行发动机型的整车 PEMS 试验。PEMS 试验项目的具体内容详见本章第三节。

三、曲轴箱通风系统要求

发动机生产企业可以选择采用闭式或开式曲轴箱通风系统。国六阶段以前的标准仅对装用点燃式发动机的重型汽车曲轴箱通风系统提出了要求，对装用压燃式发动机的重型汽车没有规定。重型柴油车国六标准对发动机曲轴箱通风系统提出了明确要求，如图 2-6 所示。

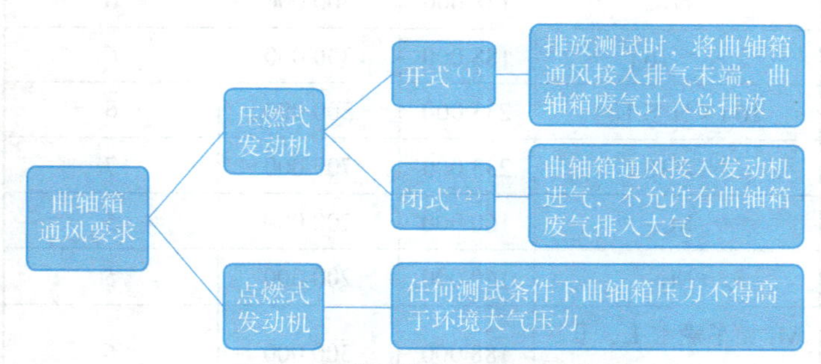

图 2-6　曲轴箱通风系统要求

注：(1) 开式曲轴箱系统是指曲轴箱废气直接排入大气。
(2) 闭式曲轴箱系统是指曲轴箱废气接入发动机进气，不允许曲轴箱废气排入大气。

四、发动机系统的耐久性要求

耐久性要求是为确保定型或批量生产的车辆能在规定的有效寿命期内排气污染物都能满足限值要求。与国五阶段的耐久性相比，重型柴油车国六阶段各类车型均提高了车辆有效寿命期里程要求（表 2-7）。企业可以通过耐久试验获取实际劣化系数，也可以不进行耐久性试验，直接采用标准推荐的劣化系数（表 2-8 所示）。

表 2-7 最短行驶里程及有效寿命期

车辆类型	最短行驶里程 /km	有效寿命期[1]	
		行驶里程 /km	实际使用时间 /a
N_1	160 000	200 000	5
N_2	188 000	300 000	6
N_3≤16 t	188 000	300 000	6
16 t<N_3≤18 t	233 000	300 000	6
N_3>18 t	233 000	700 000	7
M_1	160 000	200 000	5
M_2	160 000	200 000	5
M_3 类车辆［Ⅰ、Ⅱ、A、B（GVM≤7.5 t）］	188 000	300 000	6
M_3 类车辆［Ⅲ、B（GVM>7.5 t）］	233 000	700 000	7

[1] 有效寿命期中的行驶里程和实际使用时间，两者以先到为准。

表 2-8 重型柴油车国六标准推荐的劣化系数

试验循环	CO	THC[1]	NMHC[2]	CH_4[2]	NO_x	NH_3	PM	PN
WHSC	1.3	1.3	1.4	1.4	1.15	1.0	1.05	1.0
WHTC	1.3	1.3	1.4	1.4	1.15	1.0	1.05	1.0

[1] 适用于压燃式发动机。

[2] 适用于点燃式发动机。

发动机在进行型式检验、生产一致性检验和在用符合性检验时，WHSC 和 WHTC 试验结果需要进行劣化系数修正，修正后的结果不得超过相应限值。

五、车载诊断（OBD）系统要求

车载诊断（OBD）系统是对车辆发动机排放性能进行监测，在故障发生时能进行诊断和记录，并通过报警灯提示驾驶员的车载故障监测诊断系统。它可以实时对车辆的各个系统和零部件进行监控，也监测自身部件，同时监测车辆排放劣化过程。OBD 系统包含的监测类型见图 2-7，可以有效地对车辆运行状态进行监控。

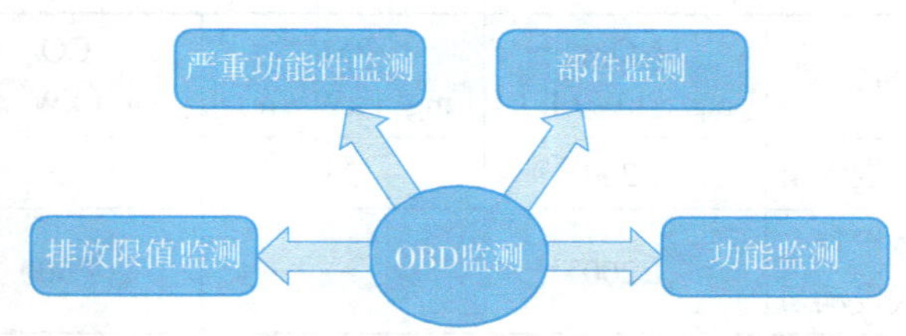

图 2-7　OBD 监测类型

虽然重型车从国四阶段就已经强制车辆安装 OBD 系统，但是故障监控项目较少，技术监测手段不够完善。驾驶员对车辆行驶影响不大的故障通常不会及时维修，造成 OBD 监控功能失效，因而不能对排放超标车辆进行有效监管。国六阶段的 OBD 较之前阶段故障监控项目更加全面和精准，并对故障采取分级管理，即根据故障触发后发动机排放超过 OBD 限值（表 2-9）和排放限值的严重程度，从高到低依次将故障分为 A、B1、B2、C 四个等级。故障等级不同，故障指示器（Malfunction Indicator，MI）显示策略不同，以此提示驾驶员故障的严重程度。对于可能造成排放超标的故障，OBD 会强制对车辆进行驾驶性能限制，如限扭或限速，以此督促驾驶员修复故障。此外，重型柴油车国六标准还首次要求车辆必须安装远程排放管理车载终端（详见本章第三节），实时发送车辆运行状态信息，提升了监管效率。

表 2-9 OBD 限值

发动机类型	NO_x/[mg/（kW·h）]	PM/[mg/（kW·h）]	CO/[mg/（kW·h）]
压燃式发动机	1 200	25	—
气体燃料点燃式发动机	1 200	—	7 500

当系统监测到车辆有故障时，会激活故障指示器（MI）来通知驾驶员，并存储故障类别、故障代码信息和冻结的发动机状态信息。维修人员可以通过诊断仪连接 OBD 通信接口读取故障信息，以便确定故障性质和部位。若报警出现后驾驶员没有修复故障，车辆运行至设定时间时，OBD 会激活初级驾驶性能限制，即车辆行驶无力。

如果车辆继续运行至设定时间仍未修复故障，则 OBD 会激活严重驾驶性能限制，即限速至 20 km/h（跛行模式）。具体工作流程如图 2-8 所示。

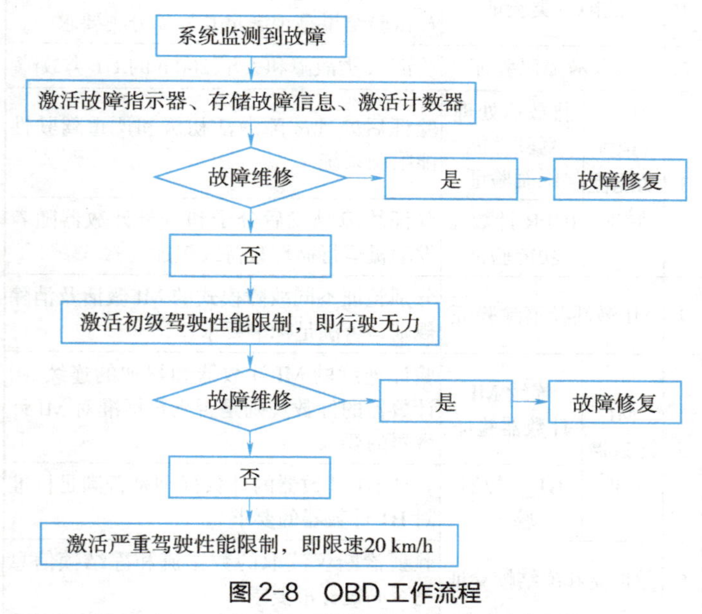

图 2-8　OBD 工作流程

另外，国六阶段标准新增了 OBD 在用监测频率（In-Use Performance Ratio，IUPR）的要求，即车辆在使用过程中以运行次数为基数的监测次数比例，其设置目的是监督车辆及时发现故障。标准要求的最小 IUPR 是 0.1。

发动机型式检验时，需对 OBD 各项功能进行验证，具体验证试验项目如表 2-10 所示。

表 2-10 OBD 验证试验项目

<table>
<tr><th>序号</th><th colspan="2">验证项目</th><th>验证内容</th></tr>
<tr><td>1</td><td colspan="2">故障分类验证</td><td>触发故障后进行 WHTC 试验，查看其排放试验结果是否满足其故障分类要求</td></tr>
<tr><td>2</td><td colspan="2">永久故障码验证</td><td>验证 A 类故障和大于 200 h 的 B1 类故障</td></tr>
<tr><td rowspan="2">3</td><td rowspan="2">OBD 功能性验证</td><td>排放后处理驾驶性能限制验证</td><td>验证后处理故障激活初级和严重驾驶性能限制系统</td></tr>
<tr><td>IUPR 计数器功能验证</td><td>验证故障触发后分子和分母计数器随着发动机运行循环数持续累加</td></tr>
<tr><td>4</td><td colspan="2">MI 激活及消除验证</td><td>分别验证不同故障模式的 MI 激活及消除规则是否满足标准要求</td></tr>
<tr><td rowspan="2">5</td><td rowspan="2">MI 计数器验证</td><td>连续 MI 计数器验证</td><td>验证连续的 MI 计数器和累加的连续 MI 计数器的计数规则是否满足标准对 MI 计数器的要求</td></tr>
<tr><td>B1 计数器验证</td><td>验证 B1 计数器的计数规则是否满足标准对 B1 计数器的要求</td></tr>
<tr><td>6</td><td colspan="2">数据流和冻结帧验证</td><td>验证诊断仪读取的数据流和冻结帧信息是否满足标准要求</td></tr>
</table>

六、NO_x 控制系统要求

从国四阶段开始，柴油机大量采用选择性催化还原（SCR）技术，即通过在尾气中喷射尿素来降低 NO_x 排放，因而尿素能否正常喷射直接关系到 NO_x 的排放是否达标。NO_x 控制系统的目的就是确保尿素喷射系统正常运行，保持其排放控制功能。国六阶段以前技术监测手段不完善，用户为节约成本采用各种作弊手段逃避添加尿素，导致车辆实际 NO_x 排放超标严重。国六阶段 NO_x 控制系统的监控项目更加完善，能够识别人为因素造成 NO_x 排放超标的问题，如尿素存量低、质量异常等（图 2-9），NO_x 控制系统通过限扭、限速等措施，督促用户正确添加尿素，确保 SCR 系统正常工作。

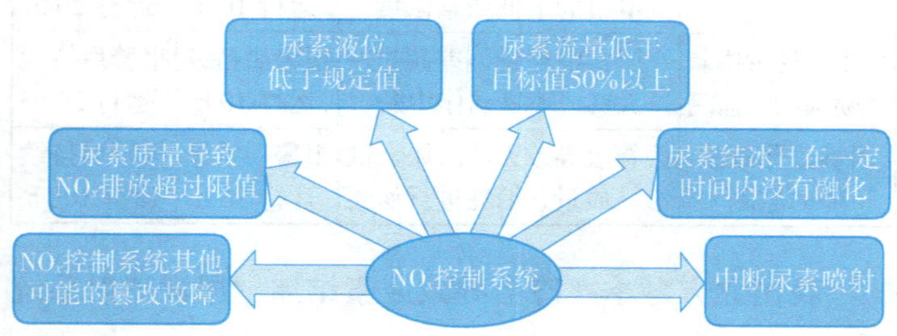

图 2-9　NO_x 控制系统监控内容

NO_x 控制系统具有驾驶员报警功能，当系统监测到尿素存量低、质量异常、消耗量低或部件存在故障时，通过报警通知驾驶员添加合格尿素或维修车辆。为督促驾驶员及时检查和修复故障，NO_x 控制系统设置了初级和严重两级驾驶性能限制功能。报警激活后车辆继续带故障运行至设定时间会激活初级驾驶性能限制功能，即发动机扭矩下降、车辆行驶无力。如果初级驾驶性能限制激活后，车辆仍继续带故障运行至设定时间，则会激活严重驾驶性能限制功能，即车速被限制至 20 km/h（跛行模式）。具体激活条件如表 2-11 所示。

表 2-11 驾驶性能限制激活条件

监测项目	驾驶员报警激活	初级驾驶性能限制激活	严重驾驶性能限制激活
尿素存量低	尿素存量低于 10% 时	存量低于 2.5% 时	尿素空
尿素质量异常	尿素浓度低于企业申报的最低尿素浓度	报警后持续运行 10 h	报警后持续运行 20 h
尿素消耗量偏差和喷嘴动作监测	尿素消耗量偏差超过 50%，喷嘴动作中断	报警后持续运行 10 h	报警后持续运行 20 h
因篡改导致故障的监测	因篡改导致无法对尿素供给、质量、消耗进行诊断	报警后持续运行 36 h	报警后持续运行 100 h

我国北方冬季寒冷会导致尿素结冰，尿素喷射系统无法正常工作，因此型式检验时需进行反应剂低温性能验证，检验低温浸置后的发动机在尿素喷射系统完全结冰状态下启动后的尿素喷射情况，发动机开始运行 70 min 内带加热的 SCR 系统应能够正常喷射尿素，非加热的 SCR 系统如果不能正常喷射尿素，则应依次激活驾驶员报警和严重驾驶性能限制功能。

七、其他要求

- 替代用污染控制装置的要求

替代用污染控制装置是用于替换原装污染控制装置的

污染控制装置或总成，替代用污染控制装置在设计、制造和安装使用上，应达到原排放控制装置的性能，在汽车正常使用条件下和全寿命周期内有效控制污染物排放。替代用污染控制装置应按照标准规定进行型式检验，其结果应符合标准要求。

- 双燃料发动机的要求

双燃料发动机是指可以同时燃用柴油和一种气体燃料（天然气或液化石油气）的发动机。由于该类型发动机使用燃料比较复杂，标准要求该类型发动机既要进行双燃料模式的试验，也要进行柴油模式（如有）的试验，试验结果均要满足排放限值要求。

第三节　整车排放控制要求

重型柴油车国六标准对整车排放控制有排放测量和限值要求、监控要求和防作弊相关要求。具体包括五个方面：

- 实际道路行驶测量（PEMS）和限值要求；
- 整车油耗测量时的排放要求；
- 车载诊断（OBD）系统和 NO_x 控制系统整车要求；
- 远程排放管理车载终端要求；
- 防篡改和禁止使用失效策略要求。

一、实际道路行驶测量（PEMS）

重型车实际道路行驶污染物排放测量是指车辆在实际道路上行驶，同时利用便携式车载排放测试设备（PEMS）进行尾气测试（设备安装情况见图 2-10）。此测试方法的运行工况具有随机性，是实验室测试的必要补充，能够有效避免排放作弊行为。

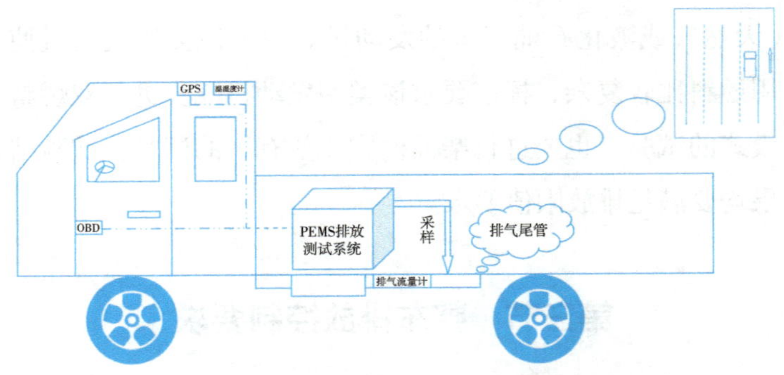

图 2-10　实际道路行驶测量（PEMS）方法

PEMS 试验环境条件范围比较宽，能够覆盖中国大部分地区的四季温度变化（-7 ℃～38 ℃）和海拔高度（2 400 m 以下）。试验道路包括市区道路、市郊道路和高速道路。试验车辆载荷要求包括了车辆运行的正常载荷状态（10%～100%）。试验时，对行驶中试验车辆的排气污染物进行连续采样分析，按标准规定计算出排放结果。

考虑 PEMS 试验相对于发动机台架试验，试验条件和运行工况具有随机性，设备精度较低，PEMS 试验的排放限值在发动机试验限值的基础上适当放宽（表 2-12）。

表 2-12 整车 PEMS 试验排放限值[1]

发动机类型	CO/[mg/(kW·h)]	THC/[mg/(kW·h)]	NO_x/[mg/(kW·h)]	PN[2]/[个/(kW·h)]
压燃式	6 000	—	690	1.2×10^{12}
点燃式	6 000	240（LPG） 750（NG）	690	—
双燃料	6 000	1.5 × WHTC 限值	690	1.2×10^{12}

(1) 应在同一次试验中同时测量 CO_2 并同时记录。
(2) PN 限值从 6b 阶段开始实施。

二、整车油耗测量时的排放要求

重型柴油车国六标准第 6.12.5 条要求：“当车辆按照 GB 30510 标准进行整车油耗的测量时，应同时按照附录 L 进行污染物排放测量。排放的气态污染物及颗粒物应满足本标准表 4 的要求，并将试验结果进行信息公开。”排放油耗联合测试，能够避免车辆生产企业开发两套控制策略分别应对排放标准和油耗标准。

整车底盘测功机污染物排放测量在实验室进行，测试设备包括底盘测功机、排放采样分析系统。其中，排放分析仪可以选用便携式排放测试系统（PEMS），也可以选用全流稀释定容采样系统（CVS），测试系统示意见图 2-11。

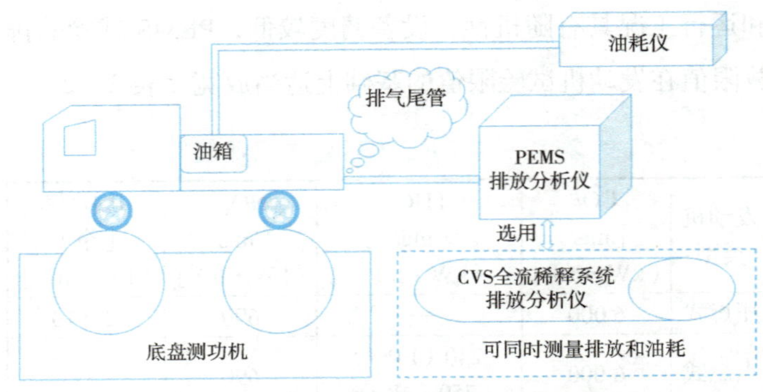

图 2-11 整车油耗排放联合测试系统示意

试验时，将被测车辆放置在底盘测功机上，按照重型商用车辆燃料消耗量测量方法规定的测试循环运行，同时进行尾气排放采样分析和油耗测量，排放限值与整车 PEMS 试验排放限值（表 2-12）一致。

三、车载诊断（OBD）系统和 NO_x 控制系统要求

车辆生产企业应确保将发动机装备到整车上后，OBD 系统和 NO_x 控制系统不发生改变。整车进行 OBD 系统和 NO_x 控制系统检验时，可以对以下所有内容或部分内容进行检查：

（1）OBD 系统基本功能检查；

（2）发动机管理系统或排放控制系统部件的故障模拟检查；

（3）故障分类及报警灯反应检验；

（4）IUPR 基本功能验证；

（5）NO_x 控制系统检验；

（6）远程排放管理车载终端功能的检验。

重型柴油车国六标准还提出了整车 OBD 诊断接口要求，规定 OBD 诊断接口位置应在车辆内驾驶员侧或控制台驾驶员侧边缘的地脚位置，其高度应低于最低调节位置的方向盘底部，容易查找和便于操作，当驾驶员侧车门打开时，在驾驶室侧外面应能够连接。如果诊断接口在特定的设备箱内，不需要借助工具即可手动打开，箱子上应清楚标注“OBD”。

四、远程排放管理车载终端要求

为了方便对运行在道路上的车辆排放状况进行实时监测，GB 17691—2018 标准中增加了远程排放管理车载终端数据发送的要求。生态环境主管部门可以通过远程终端读取车辆的实时信息，判断车辆的实际排放状况、各项排放控制措施及 OBD 系统是否发挥作用，以及排放相关故障是否及时维修等。

标准规定符合 6a 阶段的车辆应装备排放管理车载终端，鼓励车辆按标准的相关要求规定发送数据；而符合 6b 阶段的车辆要求全寿命周期内按标准的相关要求发送数据，由生态环境主管部门和生产企业平台接收。

标准附录 Q 规定了重型车远程排放管理车载终端的技术要求，包括功能要求、性能要求、试验方法、检验规则、标志标识以及运输存储安装要求等。还规定了通信数据格式，包括协议基础、通信连接、消息处理、协议分类与说明及数据格式。

标准要求对车载终端进行功能检查。该项检查与车载诊断（OBD）系统和 NO_x 控制系统检验同时进行，主要检验整车车载终端向平台发送的数据是否与实车数据一致。

五、防篡改和禁止使用失效策略要求

重型柴油车国六标准要求车辆生产企业应采用可靠的方式，保证任何可重复编程的计算机代码或操作参数都能够防止被篡改，任何可移动的标定存储芯片都应该密封于容器中或被电子算法保护，以防止通过关闭、调整或修改车辆排放或动力系统，导致车辆排放性能恶化。

标准还规定车辆禁止使用失效策略，失效策略是指不满足该标准规定的基础排放策略或辅助排放策略性能要求的排放策略。

第四节　监督管理要求

重型柴油车国六标准对发动机和整车的监督管理要求

有型式检验、信息公开和监督检查。监督检查包括发动机生产一致性检查、新生产车达标检查及在用车辆（发动机）的在用符合性检查。标准实施检查时有两种方式，一是生产企业自查，二是生态环境主管部门抽查。在标准实施的不同环节，不同的主体有不同的责任分工，如表 2-13 所示。

表 2-13　监督检查的管理环节和实施主体及实施内容

管理环节	实施主体	实施内容
型式检验和信息公开	发动机企业	检验：发动机
	整车企业 （加装未经型式检验发动机时）	检验：发动机 + 整车 信息公开：发动机污染控制技术信息 + 检验结果 + 整车信息 向主管部门和社会公开
	整车企业 （加装已经型式检验发动机时）	检验：整车（无需再进行发动机型式检验） 信息公开：发动机污染控制技术信息 + 检验结果 + 整车信息 向主管部门和社会公开
生产一致性检查	发动机企业、整车企业	相关资料、排放、OBD 和 NO_x 控制系统、电控单元信息等
新生产车排放达标检查	整车企业	相关资料、排放、OBD 和 NO_x 控制系统、远程排放管理车载终端
车辆（发动机）的在用符合性检查	发动机企业、整车企业	相关资料、排放、OBD 和 NO_x 控制系统、远程排放管理车载终端

一、型式检验和信息公开要求

型式检验和信息公开是监督管理的首要环节。型式检验是指发动机或整车企业，应按照标准的各项技术要求，对发动机或整车进行定型试验，以验证产品能否满足标准技术要求。

对于发动机的型式检验，除需要进行台架排放试验、OBD 和 NO_x 控制系统试验外，还需要将发动机安装到车辆上进行整车 PEMS 试验。对于整车的型式检验，分为两种情况：①对装有已经型式检验发动机的车型，只需进行整车 PEMS 试验；②对装有未经型式检验发动机的车型，需要同时进行发动机型式检验和整车 PEMS 试验。

为贯彻落实《中华人民共和国大气污染防治法》（2015 年版），重型柴油车国六标准要求车辆生产企业依法公开排放信息，对于发动机生产企业则没有强制性要求。信息公开的内容为发动机、整车的环保信息，包括型式检验信息、排放控制技术相关信息等；并对信息公开的真实性、准确性、及时性和完整性负责。涉及企业机密的相关内容，可经过技术处理后公开。

二、生产一致性要求及检查

重型柴油车国六标准要求车辆及发动机生产企业应按该标准规定确保批量生产的车辆及发动机的环保生产一致性，生产企业应具备生产一致性保证体系，包括质量管理体系和生产一致性保证计划，能够进行从生产到出厂检验整个过程的质量检查，检查结果要进行信息公开。

标准附录 I 规定了车辆和发动机的生产一致性保证要求，及企业自查和生态环境主管部门进行监督检查的技术要求。

发动机的生产一致性检查，除了对发动机进行标准试验循环（WHSC 和 WHTC）排放测试外，还包括非标准循环（WNTE）排放测试，以及对 OBD 系统、NO_x 控制系统和电子控制单元（ECU）信息一致性等的检查，其抽查规则及判定准则见表 2-14。

生产企业进行自查试验时，所有项目必须全部进行。主管部门抽查时，可以选取所有项目，也可以选取部分项目进行抽查，其抽查规则及判定准则见表 2-14。

表 2-14　发动机生产一致性抽查规则及判定准则

试验项目	抽查规则	合格判定	不合格判定
发动机污染物排放	批量产品中随机抽取 3 台发动机	3 台发动机的各种污染物排放结果均小于标准限值的 1.1 倍，且其平均值小于标准限值	3 台发动机中有任一台发动机的某种污染物排放结果不小于标准限值的 1.1 倍，或其平均值不小于标准限值
车载诊断（OBD）系统和 ECU 信息	批量产品中随机抽取 1～3 台发动机	抽查的发动机全部满足标准要求	抽查的发动机中有 1 台不满足标准要求

三、新生产车的达标要求及检查

为了进一步监管生产企业制造的整车产品是否符合标准要求，重型柴油车国六标准第 9 章提出了新生产车的达标要求及检查规定。

1. 新生产车达标自查

整车制造商应对每个车型（系族）制定下线检查计划，包括检查项目、检查方法、抽样方法和抽样比例等。其中，车辆污染物排放自查，应按照标准附录 k 规定的整车 PEMS 试验方法进行测试。车辆检查试验的记录文档应至少保存 5 年。

下线检查计划和检查结果应进行信息公开。

2. 新生产车达标监督抽查

生态环境主管部门对新生产车达标监督抽查包括下述全部或部分项目：

（1）排放基本配置核查

（2）下线检查计划和自查结果审查

（3）污染物排放检查

生态环境主管部门对于新生产车的污染物排放检查，采用整车 PEMS 测试方法。从批量生产的车辆中随机抽取 1～3 辆车，若有 1 辆车不满足整车排放限值要求，则判定检查不合格。

（4）OBD 和 NO_x 控制系统检查

从批量生产的车辆中随机抽取 1～3 辆车，若有 1 辆车不满足标准对应附录的要求，则判定检查不合格。

（5）整车远程排放管理车载终端抽查

按照标准要求进行检查，远程信息应与车辆上的实际故障信息一致。

（6）新生产发动机的抽查

按照发动机生产一致性的规定，对新生产发动机进行抽查。

3. 新生产车下线检验要求

新生产车除了按照重型柴油车国六标准第 9 章进行达标检查之外，还要按照《柴油车污染物排放限值及测量方法（自由加速法及加载减速法）》（GB 3847—2018）进行下线检验，包括外观检验（含对污染控制装置的检查和对环保信息随车清单的核查）和车载诊断（OBD）系统检查，及对排气污染物检测。下线检验的测试方法及排放限值详见本书第五章。

四、在用符合性要求及检查

车辆（发动机）的在用符合性是指车辆（发动机）在正常使用条件下、有效寿命期内，按重型柴油车国六标准规定（附录 J）进行检查，始终满足标准要求。对车辆提出在用符合性要求，将改变多年来车辆只是在试验台架上排放达标，实际行驶和运行中排放严重超标的现象，对于改善大气环境质量具有重大意义。

在用符合性检查包括生产企业自查、生态环境主管部门对自查报告进行审查，以及生态环境主管部门的抽查。

1. 生产企业自查

发动机生产企业以发动机系族为基础制订自查计划，车辆生产企业以车型或车型系族为基础制订自查计划。自查计划包括试验时间和抽样计划等内容，生产企业至少每两年向生态环境主管部门提交一次自查报告。自查时发动机应尽量覆盖不同企业的车辆，而车辆应尽量覆盖不同的车型。

2. 生态环境主管部门抽查

生态环境主管部门可以不定期地开展在用车的符合性抽查。抽查的项目主要针对整车开展。可能被纳入抽查方案的测试项目包括实际道路行驶污染物排放测试（PEMS）、整车 OBD 系统及 NO_x 控制系统验证、整车油耗测量时的排放要求以及远程排放管理车载终端数据一致性验证等。标准附件 JA 在用符合性自查的抽样和判定程序要求，样本数量最小为 3 辆，最大为 10 辆，n 次试验中，不符合试验累计数的统计量由样本确定，并按照表 2-15 进行合格判定。

表 2-15　抽样计划的合格和不合格判定数

样本数 n	超标车辆数	
	合格判定数	不合格判定数
3	—	3
4	0	4
5	0	4
6	1	4
7	1	4
8	2	4
9	2	4
10	3	4

注：表中的合格和不合格判定数量根据《计数序贯抽样检验程序及表》（GB/T 8051—2002）计算的。

五、质保期要求

重型柴油车国六标准以前，车辆的质保零部件主要是总成，如发动机、变速箱、底盘等，没有将排放相关的零部件包含在内，因此车辆正常使用过程中若排放系统出现问题，需要用户承担相应的维修费用。为了改变这种局面，增强车辆生产企业的责任和环保意识，国六标准第一次提出了排放质保期规定。要求生产企业应保证排放相关零部件的材料、制造工艺及产品质量，确保其在有效寿命期内的正常功能。排放零部件如果在质保期内由于本身质量问题而出现故障或损坏，导致排放控制系统失效，或者车辆排放超过标准限值要求，生产企业应当承担相关维修费用。

生产企业应至少对表 2-16 规定的排放质保零部件提供质保服务，其排放质保期不应低于表 2-17 规定的最短质保期。

表 2-16 排放质保零部件

发动机部件	排放控制相关部件
● 进气系统 ● 燃油系统 ● 点火系统 ● 废气再循环系统	● 后处理装置 ● 曲轴箱通风阀 ● 传感器 ● 电子控制单元

表 2-17 最短质保期

车辆类型	行驶里程 /km	实际使用时间 /a
M_1、M_2、N_1	80 000	5
M_3、N_2、N_3	160 000	5

注：最短质保期中的行驶里程和实际使用时间，两者以先到为准。

第三章 重型柴油车国五标准

第一节 概述

我国重型柴油车排放标准从1983年开始实施，参照国外成熟经验，最初采用比较简单的自由加速法测量排气烟度。从1999年开始，试验方法从自由加速法烟度测试过渡到工况法排气污染物和烟度测试。工况法即试验车辆或发动机在车辆或发动机试验台架上，模拟道路运行工况，改变转速（车速）和负荷的工况循环试验方法，进行排放、油耗及动力性能等测试。

2005年，国家环境保护总局和国家质量监督检验检疫总局联合发布了《车用压燃式、气体燃料点燃式发动机与汽车排气污染物排放限值及测量方法（中国Ⅲ、Ⅳ、Ⅴ阶段）》（GB 17691—2005），原国一、国二标准中的工况排气排放测试和全负荷烟度测试由新的试验工况所取代，包括ESC（欧洲稳态循环）、ELR（负荷烟度试验）和ETC（欧洲瞬态循环）三种工况。GB 17691—2005标准修改采纳了欧Ⅲ、Ⅳ、Ⅴ阶段的排放法规（截止到2001/27/EC）要求，规定了国三、国四、国五阶段的重型柴油车及燃气汽车发动机排气污染物排放限值及测试方法，提出国四、国五阶段新型车（发动机）需满足车载诊断（OBD）系统要求、排放控制装置的耐久性要求和在用符合性要求等预告性要求。因当时欧盟相关法规尚未明确规定上述三项要求的具体技术内容和测试方法，所以 GB 17691—2005 标准发布时，参照欧盟相关法规对这三项要求只做出了预告性原则要求。

随着欧盟法规不断完善，参考欧盟相关法规体系，2008 年 6 月，环境保护部发布了《〈车用压燃式、气体燃料点燃式发动机与汽车排气污染物排放限值及测量方法（中国Ⅲ、Ⅳ、Ⅴ阶段）〉（GB 17691—2005）修改方案》（环境保护部公告　2008 年第 24 号，以下简称《修改方案》）和《车用压燃式、气体燃料点燃式发动机与汽车车载诊断（OBD）系统技术要求》（HJ 437—2008）、《车用压燃式、气体燃料点燃式发动机与汽车排放控制系统耐久性技术要求》（HJ 438—2008）、《车用压燃式、气体燃料点燃式发动机与汽车在用符合性技术要求》（HJ 439—2008）3 项标准，从而完善了 GB 17691—2005 标准中国四、国五阶段的技术要求。鉴于一些重点城市提前实施国四排放标准的经验和发现的问题，为更好地实施国四、国五阶段标准，达到期望的环境效益，环境保护部又先后发布了《城市车辆用柴油发动机排气污染物排放限值及测量方法（WHTC 工况法）》（HJ 689—2014）和《重型柴油车、气体燃料车排气污染物车载测量方法及技术要求》（HJ 857—2017）。总结起来，重型柴油车（含燃气汽车）国五系列标准如图 3-1 所示。

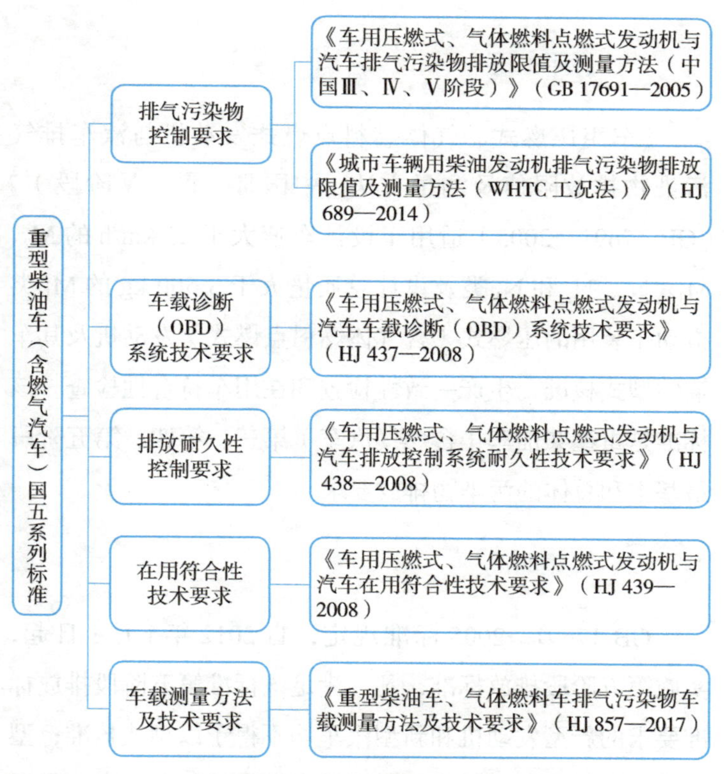

图 3-1　重型柴油车（含燃气汽车）国五系列标准

第二节 《车用压燃式、气体燃料点燃式发动机与汽车排气污染物排放限值及测量方法（中国Ⅲ、Ⅳ、Ⅴ阶段）》（GB 17691—2005）

一、适用范围

《车用压燃式、气体燃料点燃式发动机与汽车排气污染物排放限值及测量方法（中国Ⅲ、Ⅳ、Ⅴ阶段）》（GB 17691—2005）适用于设计车速大于25 km/h的M_2、M_3、N_1、N_2和N_3类及设计总质量大于3 500 kg的M_1类机动车装用的压燃式（含气体燃料点燃式）发动机及其车辆的型式核准、生产一致性检查和在用车符合性检查。该标准是重型柴油车（含燃气汽车）第三、第四、第五阶段最基本和总体的污染物排放要求。

二、实施时间

GB 17691—2005标准规定，自2012年1月1日起，实施第五阶段排放标准，凡不满足该标准第五阶段排放标准要求的新型发动机和新型汽车均不得予以型式核准；型式核准执行日期一年之后，不符合标准的新生产车不得注册登记、销售和使用。但由于车用柴油低硫化进程滞后和车辆生产行业准备不足等原因，柴油车国五标准实施时间被推迟，燃气汽车按期实施。

2015 年 5 月，发展改革委会同环境保护部等七部门联合发布《加快成品油质量升级工作方案》（发改能源〔2015〕974 号），明确 2016 年 1 月 1 日起，北京、上海、广东等东部地区 11 个省市全供应符合国五标准的车用柴油，硫含量不超过 10 ppm ①；2017 年 1 月 1 日起，全国供应国五标准车用柴油。国五标准的油品供应为国五排放标准车辆的投放及标准实施提供了有力保障。

2016 年 1 月 14 日，环境保护部和工业和信息化部联合发布《关于实施第五阶段机动车排放标准的公告》（环境保护部公告 2016 年第 4 号），公告要求：根据油品升级进程，分区域实施机动车国五标准，重型车实际实施时间详见表 3-1。从表 3-1 规定的时间起不满足国五阶段标准要求的车辆不得进口、销售和注册登记。

表 3-1 重型车国五标准实际实施时间

车辆类型	实施时间	
重型柴油车	2016 年 4 月 1 日（东部 11 省市[1]的公交、环卫和邮政用途）	2017 年 1 月 1 日（全国的客车和公交、环卫和邮政用途） 2017 年 7 月 1 日（所有重型柴油车）
重型气体燃料车	2013 年 1 月 1 日	

[1] 东部 11 省市是指北京市、天津市、河北省、辽宁省、上海市、江苏省、浙江省、福建省、山东省、广东省和海南省。

① 1 ppm=10^{-6}=1 μL/L=1 μg/g。

实际上，北京市依据《关于北京市实施第五阶段机动车排放标准的公告》（京环发〔2013〕8号），自2013年2月起提前实施机动车国五排放标准。上海市依据《上海市人民政府关于本市实施第五阶段国家机动车排放标准的通告》（沪府发〔2014〕25号），自2014年4月起提前实施机动车国五排放标准。

三、标准文本结构

GB 17691—2005标准包括前言、正文和附录三个部分。

正文部分主要规定了标准限值及实施管理的总体要求，有11个章节，具体内容见表3-2。

表3-2 GB 17691—2005标准正文

编码	标题名称	编码	标题名称
1	范围	7	技术要求和试验
2	规范性引用文件	8	在车辆上的安装
3	术语和定义	9	发动机系族和源机
4	型式核准的申请	10	生产一致性
5	型式核准	11	标准实施日期
6	发动机标记	—	—

附录部分主要规定了测量方法、测量设备等的技术要

求，包含 8 个附录，具体内容见表 3-3。

表 3-3 GB 17691—2005 标准附录

编码	标题名称
附录 A	型式核准申报材料
附件 AA	（源机）发动机的基本特点以及有关试验的资料
附件 AB	发动机系族的基本特点
附件 AC	系族内发动机型式的基本特点
附件 AD	车辆上与发动机有关部件的特征
附录 B	试验规程
附件 BA	ESC 和 ELR 试验循环
附件 BB	ETC 试验循环
附件 BC	ETC 试验循环中发动机测功机的设定规范
附件 BD	测量和取样规程
附件 BE	标定规程
附录 C	基准燃料的技术要求
附录 D	分析和取样系统
附录 E	型式核准证书
附件 EA	型式核准证书附件
附录 F	生产一致性保证要求
附件 FA	生产一致性检查的判定方法
附录 G	计算程序示例
附录 H	参考文献

四、对气态污染物、颗粒物和烟排放的规定

重型车国五阶段排放标准的型式核准的对象为发动机。发动机排放检测在发动机台架上进行（图3-2），通过发动机台架控制发动机的启动、运行工况变化和停机，模拟重型车在道路上行驶时发动机的动力输出情况，同时排放分析系统采集并分析发动机尾气中各种气体污染物和颗粒物排放情况。

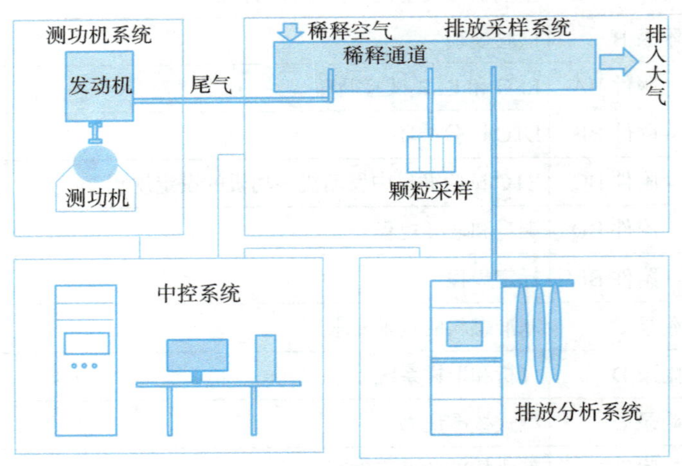

图3-2 发动机台架排放试验示意

GB 17691—2005标准涉及的第五阶段型式核准发动机台架排放试验包括：欧洲稳态循环（ESC，European Steady state Cycle）试验、负荷烟度（ELR，European Load

Response）试验和欧洲瞬态循环（ETC，European Transient Cycle）试验。柴油发动机和燃气发动机由于燃烧方式和工作原理不同，其排放的污染物和控制重点也不尽相同，因此在进行排放检验时，其检验内容有所不同，详见表 3-4。

表 3-4　发动机排放检验项目

检验项目		压燃式发动机	气体燃料点燃式发动机
ESC	气态污染物	进行	—
	颗粒物（PM）	进行	—
	NO_x 排放控制区检查	进行	—
ELR		进行	—
ETC	气态污染物	进行[1]	进行
	颗粒物（PM）	进行[1]	—

[1] 安装了排气后处理装置包括 NO_x 催化器和（或）颗粒物捕集器的柴油机进行。

1. ESC 试验和 ELR 试验方法及限值

（1）ESC 试验

ESC 试验是指发动机按标准要求，进行 13 个不同转速和负荷稳态工况点（简称 13 工况，如图 3-3 所示）的试验，排放限值见表 3-5。图中转速 A、转速 B 和转速 C 计算规则见 GB 17691—2005 标准附件 BA.1.1。

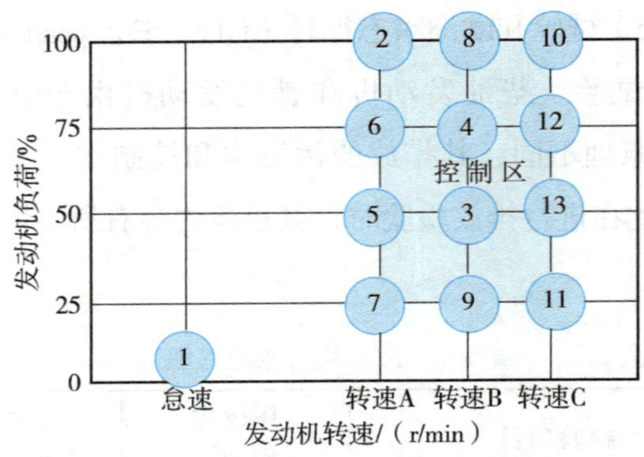

图 3-3　ESC 试验工况

因 ESC 试验工况点非常有限，只有 13 个，为防止生产企业仅为通过型式核准标定工况点，ESC 试验结束后还需进行控制区内的 NO_x 排放检查，在图 3-3 中的控制区内随机抽取 3 个工况点检查 NO_x 排放情况，要求检查点测得的 NO_x 比排放量不得超出相邻试验工况内插值的 10%。

（2）ELR 试验

ELR 试验是发动机按顺序在 4 个转速点（转速 A、转速 B、转速 C 和转速 D，转速 D 是介于转速 A 和转速 C 之间任意选择的转速）下进行加负荷循环试验，从 10% 负荷急剧加至满负荷，测量其排放烟度；每个转速点连续运行 3 次。ELR 试验的具体过程见 GB 17691—2005 标准附件 BA.3.3.2，试验顺序如图 3-4 所示。

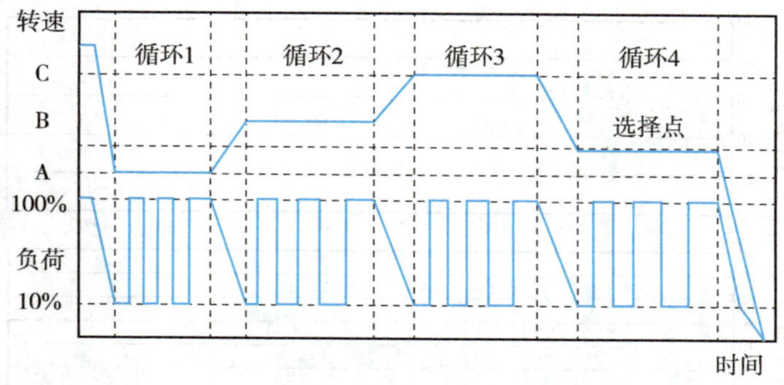

图 3-4　ELR 试验顺序

ESC 和 ELR 试验的排放限值见表 3-5。

表 3-5　ESC 和 ELR 试验排放限值

标准阶段	一氧化碳（CO）/［g/（kW·h）］	碳氢化合物（HC）/［g/（kW·h）］	氮氧化物（NO_x）/［g/（kW·h）］	颗粒物（PM）/［g/（kW·h）］	烟度 / m^{-1}
国三	2.1	0.66	5.0	0.10/0.13 (1)	0.8
国四	1.5	0.46	3.5	0.02	0.5
国五	1.5	0.46	2.0	0.02	0.5

(1) 针对每缸排量低于 0.75 dm^3、额定功率转速超过 3 000 r/min 的发动机。

2. ETC 试验方法及限值

ETC 试验是发动机在台架上按照标准规定运行 1 800 个逐秒变化工况的试验（图 3-5），以模拟重型车在道路上行驶时发动机实时变化的转速和负荷。

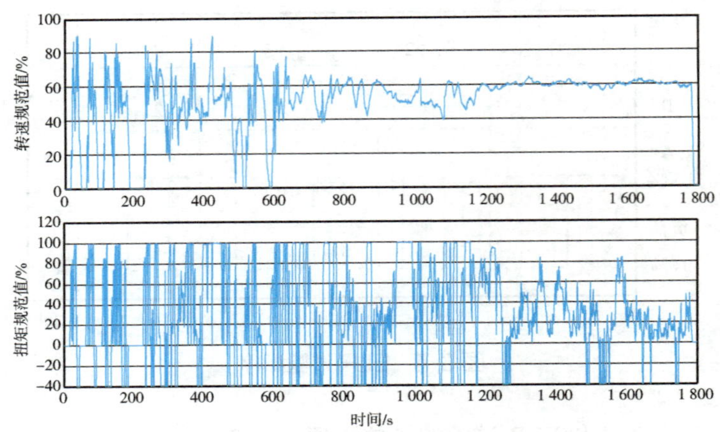

图 3-5 ETC 工况图

ETC 试验排放限值见表 3-6。

表 3-6 ETC 试验排放限值

标准阶段	一氧化碳（CO）/［g/（kW·h）］	非甲烷碳氢化合物（NMHC）/［g/（kW·h）］	甲烷（CH_4）[1] /［g/（kW·h）］	氮氧化物（NO_x）/［g/（kW·h）］	颗粒物 PM[2] /［g/（kW·h）］
国三	5.45	0.78	1.6	5.0	0.16/0.21[3]
国四	4.0	0.55	1.1	3.5	0.03
国五	4.0	0.55	1.1	2.0	0.03

(1) 仅对 NG 发动机。

(2) 不适用于国三、国四和国五阶段的燃气发动机。

(3) 针对每缸排量低于 0.75 dm^3、额定功率转速超过 3 000 r/min 的发动机。

五、车载诊断（OBD）系统、耐久性和在用符合性要求

1. 车载诊断（OBD）系统

GB 17691—2005 标准规定，自国四阶段开始，新型车应装备车载诊断（OBD）系统或车载测量（OBM）系统，用以监测车辆使用中的排气污染物（详见本章第四节）。

2. 排放控制装置的耐久性

GB 17691—2005 标准规定，自国四阶段开始，应保证汽车（发动机）正常寿命期内排放控制装置的正常运转，并在型式核准时给予确认。

3. 在用符合性

GB 17691—2005 标准规定，新型车（发动机）自第四阶段开始，应保证汽车（发动机）在正常使用条件下的正常寿命期内排放控制装置的正常运转（正确维护和使用的在用车的一致性）。

上述三项要求，在 2005 年 GB 17691—2005 标准发布时，因欧盟相关法规尚未明确规定具体技术内容和测试方法，标准参照欧盟相关法规，只是提出了预告性原则要求，没有规定具体技术内容和检测规程。随着欧盟法规对这些内容的补充完善，环境保护部也对这些规定进行了补充完善，陆续发布了一系列环境保护标准，详见本章第四节、第五节、第六节。

六、监督管理要求

GB 17691—2005标准除了对发动机和整车提出了型式核准要求外，还规定了生产一致性检查和在用符合性要求。

1. 型式核准要求

型式核准是产品设计定型完成后，批量生产之前，选取一个或多个具有代表性的样品，利用试验手段进行合格性评定，是产品取得批量生产的前提。由汽车或发动机生产企业或其授权代理按标准要求向型式核准主管部门提出型式核准申请，并完成标准所要求的检验内容。

发动机机型（或系族）可以作为独立技术总成进行型式核准申请，并进行发动机台架试验。

整车型式核准分为两种情况：

（1）对装有已经型式核准发动机的车型需要提交一份发动机的型式核准证明，不需要额外再进行发动机台架试验；

（2）对装有未经型式核准发动机的车型型式核准需要在台架上进行发动机试验，完成标准规定的检验内容。

2. 生产一致性检查要求

生产一致性检查要求是产品生产阶段对产品质量的一种有效监管，是为了确保批量生产的产品与型式核准定型的产品排放性能一致。环境保护主管部门对制造厂提出的生产一致性保证要求包括对质量管理体系的评估，以及对已型式核准的车型（或发动机机型）生产过程控制的确认核查。主管部门在批准型式核准之前，必须核定制造厂是否具备有效控制生产过程的计划和规程，在进行型式核准的同时，需要核实制造厂所做的保证计划和书面控制计划。

生产一致性检查分为企业自查和主管部门抽查，检查内容为型式核准项目，标准规定了生产一致性检查相应的试验规程及判定方法（详见标准附录FA），具体试验流程见图3-6。

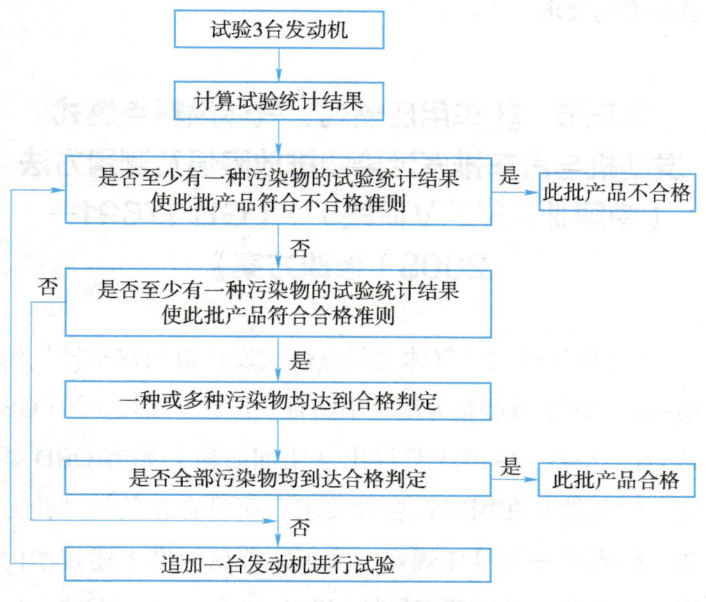

图3-6　生产一致性试验流程

3. 在用符合性要求

GB 17691—2005 标准首次提出了重型车的在用符合性要求，整车（发动机）从国四阶段开始，应保证汽车（发动机）在正常使用条件下的有效寿命期内排放控制装置的正常运转（正确维护和使用的在用车的一致性）。在用车（发动机）符合性要求，当时是一项全新的机动车排放控制管理规定，该项要求将促使汽车（发动机）生产企业采用积极的排放控制措施，对在用车（发动机）采取积极的检查行动，以确保其产品在有效寿命期内持续满足排放标准的要求。

第三节 《〈车用压燃式、气体燃料点燃式发动机与汽车排气污染物排放限值及测量方法（中国Ⅲ、Ⅳ、Ⅴ阶段）〉（GB 17691—2005）修改方案》

《车用压燃式、气体燃料点燃式发动机与汽车排气污染物排放限值及测量方法（中国Ⅲ、Ⅳ、Ⅴ阶段）》（GB 17691—2005）标准中只提出从第四阶段开始有 OBD 系统、耐久性和在用车符合性要求，而没有相关的试验方法、检查程序等具体规定。为了完善该标准上述技术内容，2008 年 6 月，环境保护部发布了《〈车用压燃式、气体燃料点燃式发动机与汽车排气污染物排放限值及测量方法（中国Ⅲ、Ⅳ、Ⅴ阶段）〉（GB 17691—2005）修改方案》（环境保护部公告　2008 年第 24 号），对标准相关内容进行了补充和修订。

《修改方案》中对于 GB 17691—2005 标准的补充和修改，主要参考了欧盟法规中的有关内容。其中，有关 OBD 系统、耐久性和在用车 / 发动机符合性的具体技术内容分别在《车用压燃式、气体燃料点燃式发动机与汽车车载诊断（OBD）系统技术要求》（HJ 437—2008）、《车用压燃式、气体燃料点燃式发动机与汽车排放控制系统耐久性技术要求》（HJ 438—2008）、《车用压燃式、气体燃料点燃式发动机与汽车在用符合性技术要求》（HJ 439—2008）这三项环境保护标准中规定。其他与国四、国五阶段标准实施和管理有关内容的修改和补充，在《修改方案》中体现，包括排放控制策略、扭矩限制器、电控系统安全性、劣化系数修正、确定发动机系族的参数、型式核准申报材料、污染物排放测量与计算、颗粒物取样和测量精度、基准燃料、型式核准证书、附件中错误的纠正等方面。

第四节　车载诊断（OBD）系统技术要求

《车用压燃式、气体燃料点燃式发动机与汽车车载诊断（OBD）系统技术要求》（HJ 437—2008）于2008年6月24日发布，自2008年7月1日起实施，是GB 17691—2005标准的补充，规定了GB 17691—2005标准适用范围车辆和发动机国四、国五阶段的车载诊断（OBD）系统技术要求及试验方法。

车载诊断（OBD）系统技术要求的提出是为了保证汽车后处理系统能真正发挥作用，降低车辆排气污染物排放量，在汽车后处理系统工作异常时，通过报警、限速和限制发动机输出扭矩的方式提示驾驶员进行相应的处理。

HJ 437—2008标准主要包括OBD系统技术要求及限值、NO_x排放控制及OBD系统验证试验等方面内容。

一、OBD系统要求及限值

HJ 437—2008标准对OBD系统的要求分为OBD1和OBD2两个阶段，分别对应国四、国五两个阶段。两个阶段NO_x排放的OBD限值有所不同，详见表3-7。对于柴油机，如后处理系统采用选择性催化还原技术（SCR），使用尿素或者氨还原NO_x，在进行NO_x控制系统排放测试循环时，氨的排放平均值不得超过25 ppm。

表 3-7　OBD 限值

阶段	OBD 系统	限值	
		NO_x/［g/（kW·h）］	颗粒物/［g/（kW·h）］
国四	OBD 1+NO_x 控制	5.0/7.0	0.1
国五	OBD 2+NO_x 控制	3.5/7.0	0.1

注：颗粒物限值不适用于气体燃料发动机。

OBD1 阶段要求仅针对达到国四阶段排放要求的柴油机和柴油车，OBD2 阶段要求针对达到国五阶段排放要求的所有发动机和汽车。

OBD 系统应保证其在发动机全寿命期内能够识别故障的种类，当出现的故障导致发动机排放超出表 3-7 中相应阶段的 OBD 限值时，或者连接于 OBD 系统的与排放相关的任何零部件或 OBD 系统本身发生故障时，故障显示器（MI）应激活，提示汽车驾驶员故障的存在；当 NO_x 排放超过 7.0 g/（kW·h）时，除了显示和提醒故障，还应激活扭矩限制器来降低发动机性能，并按照要求储存不可清除故障代码。

二、NO_x 排放控制要求

扭矩限制器是 HJ 437—2008 标准中对 NO_x 排放进行控制的一个重要手段，它将向驾驶员警告发动机系统运行异常或汽车正以不正确方式行驶等情况，从而促使驾驶员对故障及时采取纠正措施。

汽车相关部件出现故障或者人为拆除相关部件会导致OBD 系统无法监测到发动机 NO_x 排放增加。当发生反应剂添加或使用不正常、反应剂质量差等情况，OBD 系统应激活故障指示灯以提示驾驶员，若驾驶员未及时修复故障，OBD 系统应按标准要求，激活扭矩限制器，直至故障修复。

第五节　排放控制系统耐久性要求

《车用压燃式、气体燃料点燃式发动机与汽车排放控制系统耐久性技术要求》（HJ 438—2008）于 2008 年 6 月 24 日发布，自 2008 年 7 月 1 日起实施，是对 GB 17691—2005 标准中关于排放控制系统耐久性内容的补充，要求新型车（或发动机）自 GB 17691—2005 的第四阶段开始，应保证汽车（发动机）的排放控制装置在有效寿命期内正常运转，且排气污染物排放符合 GB 17691—2005 相关阶段的限值要求，并在型式核准时给予确认。

汽车或发动机排放控制系统耐久性运行试验应在型式核准机构有效监督下，完成表 3-8 规定的耐久性试验，并确定劣化系数（或劣化修正值）。汽车（发动机）制造企业应确定进行 ESC 和 ETC 试验的时间及间隔（包括起点和结束点，最少 5 点，且间隔里程不能大于 30 000 km）。

表 3-8　耐久性要求和试验规定

车辆类型	有效寿命期[1]		允许最短试验里程[2]/km
	行驶里程 /km	实际使用时间 /a	
M_1[3]	100 000	5	100 000
M_2	100 000	5	100 000
M_3［Ⅰ、Ⅱ、A、B（GVM[4]≤7.5 t）］	200 000	6	125 000
M_3［Ⅲ、B（GVM>7.5 t）］	500 000	7	167 000
N_1	100 000	5	100 000
N_2	200 000	6	125 000
N_3（GVM≤16 t）	200 000	6	125 000
N_3（GVM>16 t）	500 000	7	167 000

(1) 有效寿命期中的行驶里程和实际使用时间，两者以先到为准。
(2) 允许最短的实际整车道路行驶里程（或由实际发动机台架试验小时折算的道路行驶里程）。
(3) 仅包括 GVM 大于 3 500 kg 的 M_1 类汽车。
(4) 汽车最大设计总质量。

劣化系数用于安装排气后处理系统的发动机，劣化修正值用于不安装排气后处理系统的发动机。环境保护主管部门允许的情况下，可以不进行耐久性试验确定劣化系数或修正值，直接使用表3-9中的替代劣化系数：

表3-9　替代劣化系数

发动机类型	试验循环	CO	HC	NMHC	CH_4	NO_x	PM
压燃式发动机	ESC	1.1	1.05	—	—	1.05	1.1
	ETC	1.1	1.05	—	—	1.05	1.1
气体燃料点燃式发动机	ETC	1.1	1.05	1.05	1.2	1.05	—

第六节　在用符合性技术要求

《车用压燃式、气体燃料点燃式发动机与汽车在用符合性技术要求》（HJ 439—2008）于2008年6月24日发布，自2008年7月1日起实施，是对GB 17691—2005标准中在用车（发动机）符合性检查相关内容的补充和完善，适用于发动机及其汽车的在用车（发动机）符合性检查。

HJ 439—2008标准在正文部分主要规定了在用车（发动机）符合性检查的总体要求、检查程序、试验方法、不符合性的补救措施等内容，附录部分是对在用车（发动机）符合性报告的具体内容规定。

标准要求：制造企业应采取适当措施，确保正常使用条件下的汽车所安装的发动机在正常寿命期内，排放控制装置始终正常运行；在用车（发动机）的符合性必须在汽车发动机的有效寿命期内定期进行检查，并满足GB 17691—2005 标准规定的 ESC、ELR 和 ETC 限值要求。

在用符合性要求的提出，明确了企业对车辆有效寿命期内排放达标负有责任，改变了之前排放控制管理仅限于车辆（发动机）定型和生产阶段，一旦车辆售出、上牌，排放达标的责任就转移至用户，就按在用车进行管理的模式。该要求有利于提高制造企业的自律意识，使环境保护部门对机动车污染物排放控制的管理水平进一步提高，并取得更加明显的环境效益。

在用符合性检查，以企业自查为基础。汽车或发动机制造企业在新车型或发动机型获得型式核准并开始生产销售之后，应制定相应的车型、发动机型或系族的在用符合性自查规程，并按照该规程实施在用车（发动机）符合性自查，将自查过程的相关资料及自查结果等编制成在用符合性报告。

型式核准机构是通过审核生产企业提供的在用车（发动机）符合性报告，或（和）进行监督性试验来判定其是否满足在用符合性要求。

第七节　城市车辆用柴油发动机排气污染物 WHTC 工况法

我国部分城市提前实施了国四标准，如北京市自 2008 年 7 月 1 日起提前实施国四标准 ①、上海市自 2009 年 11 月 1 日起提前实施国四标准 ②。试验发现一些国四城市车辆在运行过程中，NO_x 严重超标，而这些车型又都是型式核准合格的车型。经研究分析，城市车辆如公交车、环卫车辆和邮政运输车等，主要在城市街道工况下行驶，车速和负荷相对较低，发动机长期工作在较低的转速和负荷区间，排气温度较低，使得发动机排放后处理系统工作温度较低，降低了工作效率，甚至不工作，氮氧化物排放过高。究其原因，除企业自身的原因外，新车型式核准试验工况存在缺陷也是重要原因，型式核准 ETC 工况对城市车辆的低温低速工况不具有代表性，使得企业开发机型时基本不考虑低速低负荷的城市工况，导致城市车辆实际运行时排放超标。欧洲国家在实施欧Ⅳ之后，也发现了同样

① 《关于北京市实施国家第四阶段机动车污染物排放标准的公告》（京环发〔2008〕34 号）。

② 《上海市人民政府关于本市提前实施第四阶段国家机动车排放标准的通告》（沪府发〔2009〕21 号）。

的问题。

为了解决上述问题，2014 年 1 月 16 日，环境保护部发布了《城市车辆用柴油发动机排气污染物排放限值及测量方法（WHTC 工况法）》（HJ 689—2014），对城市车辆在原有标准基础上，追加了一个更具代表性的（包括冷启动的测试循环）WHTC 工况，以弥补原欧Ⅳ、欧Ⅴ型式核准测试循环工况的不足，解决城市车辆低速低温工况氮氧化物过高的问题，为实施国四、国五标准取得较好的环境效益奠定基础。

HJ 689—2014 标准自 2015 年 1 月 1 日起实施，是 GB 17691—2005 标准的补充。规定了装用满足国四、国五阶段柴油发动机的城市车辆及其发动机的排气污染物排放限值和测量方法，适用于最大设计总质量大于 3 500 kg 的城市车辆及其装用柴油发动机的型式核准、生产一致性检查和在用符合性检查。

WHTC 试验分冷启动试验和热启动试验，冷启动试验之前需按标准要求对发动机进行自然或强制冷却，冷启动试验完成后进行热浸预处理，预处理完成后进行热启动试验。试验结束后对冷、热启动试验的污染物排放结果按标准规定比例进行加权计算，得到最终排放结果，其限值见表 3-10。

表 3-10 WHTC 试验排放限值

标准阶段	一氧化碳（CO）/［g/（kW·h）］	碳氢化合物（HC）/［g/（kW·h）］	氮氧化物（NO_x）/［g/（kW·h）］	颗粒物（PM）/［g/（kW·h）］
国四	4.0	0.55	4.20	0.03
国五	4.0	0.55	2.80	0.03

第八节 实际道路车载测量方法及技术要求（PEMS）

按照 GB 17691—2005 和 HJ 439—2008 标准的规定，重型车在用符合性检查是采用和型式核准相同的发动机台架测试规程，测试时需要将在用重型车的发动机和排放控制部件拆下移到台架上，测试完毕后再装回车上。这样的测试方法操作困难，且成本高昂，测量结果也无法真实反映重型车在实际道路上的排放状况。

为了解决上述问题，使在用符合性检查具有可行性，推动发动机排放控制技术水平的不断提升和完善，2017 年 9 月，环境保护部发布了《重型柴油车、气体燃料车排气污染物车载测量方法及技术要求》（HJ 857—2017）。该标准自 2017 年 10 月 1 日起实施，是 GB 17691—2005 标准的补充，规定了重型柴油车、气体燃料车排气污染物车载测量方法及技术要求，适用于满足国五阶段的重型柴油车、气体燃料车的新生产车排放达标检查和在用符合性检查。

便携式排放测试系统（PEMS）指能安装在车上，同时进行排气流量、污染物浓度、环境温度、湿度、大气压力测量和发动机的转速、扭矩、负荷、车辆行驶速度、经纬度及海拔等相关参数实时测量或采集的整套排放测试系统。HJ 857—2017 标准借鉴欧美车辆管理经验，采用 PEMS 车载排放测试系统，在实际道路运行条件下对车辆排放进行实时测量，真实地反映车辆实际行驶工况排放特性。

PEMS 测试时要求环境温度在 2～38℃，海拔不超过 1 000 m（或相当于大气压 90 kPa），根据车辆类型进行加载，测试程序按照 HJ 857—2017 标准附录 B 的规定进行。车辆类型不同，测试工况也不同，具体见表 3-11，测试按照市区—市郊—高速行驶顺序连续进行，不能调换顺序，测试持续时间原则上不少于 3 h，排放限值见表 3-12。

表 3-11　PEMS 试验工况行驶比例

车辆类型	市区工况比例 /%	市郊工况比例 /%	高速工况比例 /%
M_1、M_2、M_3、N_2 类车辆（城市车辆除外）	20	25	55
城市车辆	70	30	0
N_3（邮政、环卫车除外）	10	10	80

注：市区道路：车速 0～50 km/h；市郊道路：允许有 ±5% 的比例偏差。

表 3-12 PEMS 试验排放限值 单位：g/（kW·h）

标准阶段	CO	NO_x	THC	PM
国五	≤6.0	≤4.0	报告（可选项）	报告（可选项）

注：（1）满足排放限值要求的功基窗口占有效功基窗口的比例达到 90% 及以上。

（2）NO_x 排放浓度不高于 900×10^{-6}，满足该限值要求的数据点占有效数据点的比例达到 95% 及以上。

第四章 重型汽油车排放标准

第一节 重型汽油车系列标准概述

重型汽油车指装用以汽油为燃料的点燃式发动机，且最大设计总质量超过 3 500 kg 的 M 类（载客汽车）和 N 类（载货汽车）汽车。

我国现行的重型汽油车污染物控制标准主要包括《重型车用汽油发动机与汽车排气污染物排放限值及测量方法（中国Ⅲ、Ⅳ阶段）》（GB 14762—2008）、《重型汽车排气污染物排放控制系统耐久性要求及试验方法》（GB 20890—2007）、《装用点燃式发动机重型汽车曲轴箱污染物排放限值及测量方法》（GB 11340—2005）和《装用点燃式发动机重型汽车燃油蒸发污染物排放限值及测量方法（收集法）》（GB 14763—2005）。重型汽油车污染物控制系列标准如图 4-1 所示。

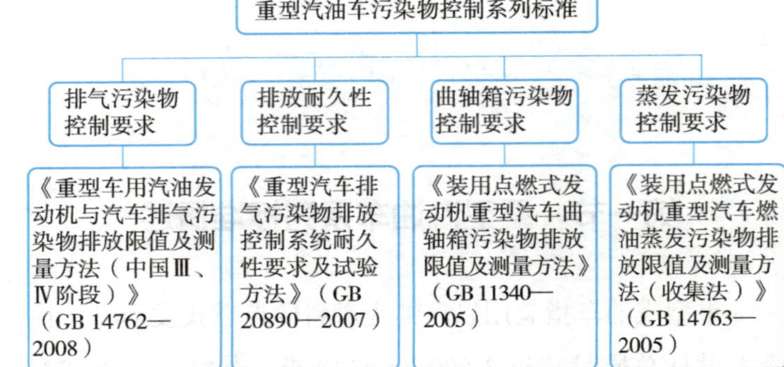

图 4-1 重型汽油车污染物控制系列标准

第二节 重型汽油车排气污染物排放标准

2008 年 4 月 2 日，环境保护部、国家质量监督检验检疫总局联合发布《重型车用汽油发动机与汽车排气污染物排放限值及测量方法（中国Ⅲ、Ⅳ阶段）》（GB 14762—2008）（以下简称“重型汽油车国三、国四标准”），公布了第三、第四阶段重型汽油车的排放控制要求和实施时间，该标准自发布之日起生效。自 2009 年 7 月 1 日起，所有销售和注册登记的重型汽油车应符合标准国三阶段要求；自 2013 年 7 月 1 日起，所有销售和注册登记的重型汽油车应符合标准国四阶段要求。

GB 14762—2008 标准规定了重型汽油车及其发动机

第三、第四阶段排放限值和相应的测量方法，第四阶段氮氧化物和碳氢化合物限值比第三阶段加严了30%左右。第三、第四阶段排放限值的提出，明确了重型汽油车各阶段污染物的减排目标，引导汽车和发动机生产企业为提升排放控制水平做好准备。同时，为了明确车辆在实际使用过程中污染物排放持续达标，标准还规定了车载诊断（OBD）系统和排气污染物控制系统耐久性等要求。从第四阶段开始，增加了在用符合性要求。增加了新型发动机和新型汽车的型式核准规程；改进了生产一致性检查及判定方法。

我国的重型汽油车和发动机第三、第四阶段排放标准的技术内容主要参考日本2005年重型汽车排放法规制定。日本2009年推出了2005年法规的修订版，该修订版在排放限值方面比2005年法规有所加严，在OBD方面沿用2005年法规要求。重型汽油车国三、国四标准框架结构主要包括正文和附录。正文包含11个章节，包括适用范围、规范性引用文件、术语和定义、型式核准的申请、型式核准、发动机标记、技术要求和试验、在车辆上的安装、发动机系族和源机、生产一致性和标准实施。作为对标准正文的技术内容的详细补充，GB 14762—2008标准有9个附录。标准主要内容详见表4-1。

表 4-1 GB 14762—2008 标准正文及附录

正文		正文相关的主要附录	
章编号	标题名称	附录编号	附录名称
1	适用范围	—	—
2	规范性引用文件	—	—
3	术语和定义	—	—
4	型式核准的申请	附录 A	型式核准申报材料
5	型式核准	附录 E	型式核准证书
6	发动机标记	—	—
7	技术要求和试验	附录 B	试验规程
		附录 C	基准燃料的技术要求
		附录 D	分析和取样系统
		附录 G	车载诊断（OBD）系统
		附录 H	在用车 / 发动机符合性
		附录 I	计算程序示例
8	在车辆上的安装	—	—
9	发动机系族和源机	—	—
10	生产一致性	附录 F	生产一致性保证要求
11	标准实施	—	—

一、排气污染物测量方法及限值

1. 测量方法

为证明车辆在正常使用状况下能够有效控制排气污染物的排放，测试方法必须考虑车辆行驶过程中运行工况的复杂性和使用条件的多样性，并且需采用尽量精确和具有良好重复性的采样分析方法。重型汽油车国三、国四标准规定，为证明车辆排气污染物排放达到标准要求，需进行重型汽油机瞬态循环试验，测试循环如图 4-2 所示。

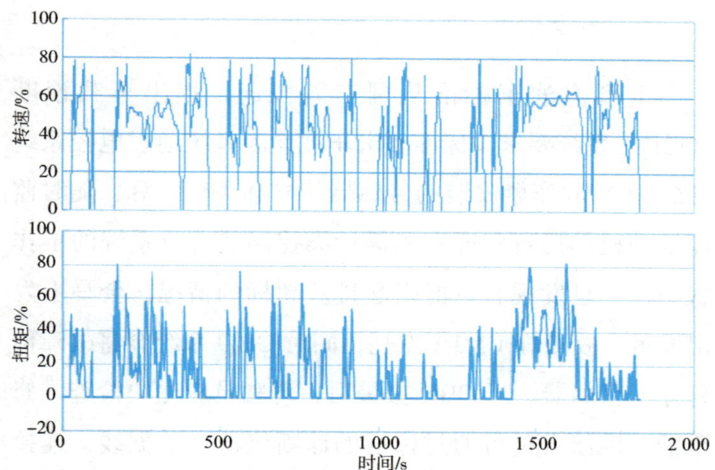

图 4-2　重型汽油机瞬态试验测试循环

重型汽油机瞬态循环试验的检测设备包括汽油发动机测功机（也称试验台架）、连续稀释采样系统和分析测试系统等。

2. 排放限值

试验测得的一氧化碳、总碳氢化合物和氮氧化物的比质量均不得超过表 4-2 给定的限值。

表 4-2　瞬态循环试验排放限值

阶段	一氧化碳（CO）/［g/（kW·h）］	总碳氢（THC）/［g/（kW·h）］	氮氧化物（NO_x）/［g/（kW·h）］
国三	9.7	0.41	0.98
国四	9.7	0.29	0.70

二、车载诊断（OBD）系统要求

重型汽油车标准从国三阶段起，提出车载诊断（OBD）系统要求。标准要求车载诊断系统通过电控系统（ECU）接收车辆安装的传感器信号和逻辑计算，随时监控发动机的运行状况和车辆污染控制装置及系统的工作状态，一旦发现有可能引起排放超标的情况，会马上发出警示，故障灯（MI）点亮，同时 OBD 系统会将故障信息存入存储器。当 OBD 报警后，驾驶员应尽快检查维修车辆。维修人员可通过标准的诊断仪器和数据线，连接 OBD 信号接口，以故障码的形式读取相关信息，迅速准确地确定故障性质和部位。

GB 14762—2008 标准附录 G 规定了重型汽油车 OBD 系统型式核准要求，要求所有汽车配备 OBD 系统，且能确保汽车在整个寿命期内识别劣化或故障的类型。应按照附录 GA 的要求进行 OBD 系统功能性试验。

三、在用符合性要求

重型汽油车从国四阶段开始对汽车（发动机）在用符合性提出要求。制造企业应采取适当措施，对已通过污染物排放型式核准的车型，确保在正常使用条件下的汽车所安装的发动机有效寿命期内，污染控制装置始终正常运行。该标准规定了在用符合性审查程序，如图 4-3 所示。

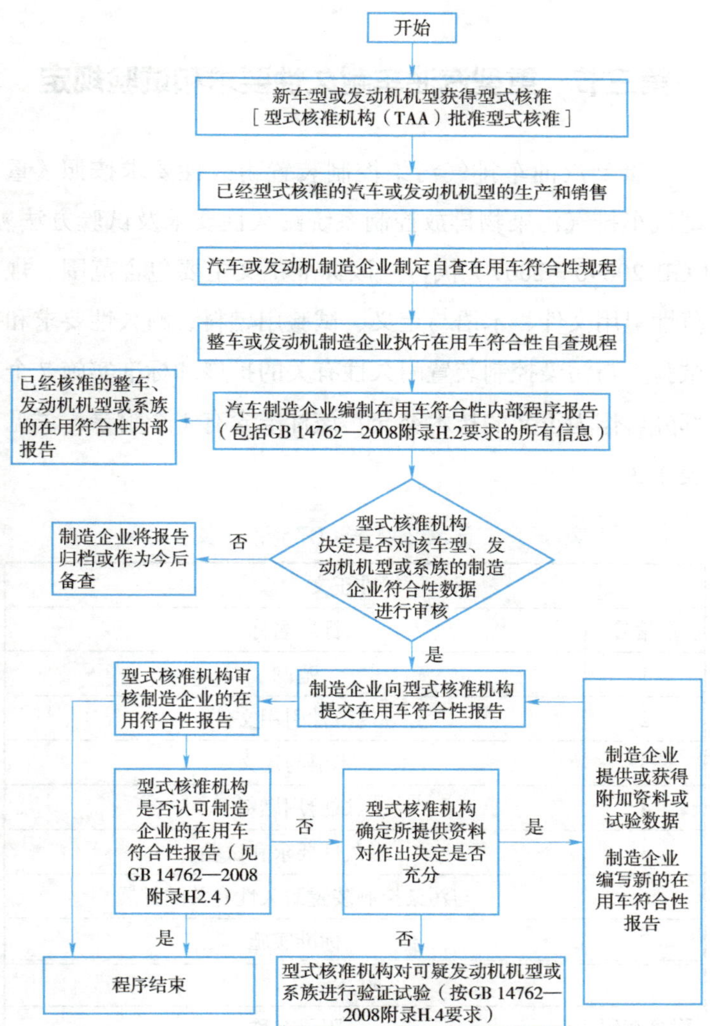

图 4-3 在用符合性规程审查程序

第三节　重型汽油车耐久性要求和试验规定

重型汽油车排气污染控制装置耐久性要求按照《重型汽车排气污染物排放控制系统耐久性要求及试验方法》（GB 20890—2007）执行。该标准正文主要包含范围、规范性引用文件、术语与定义、试验用燃料、耐久性要求和试验、与污染控制装置耐久性有关的扩展和标准实施 7 个部分。作为正文的技术补充，该标准含有 1 个附录，详见表 4-3。

表 4-3　GB 20890—2007 标准正文及附录

标准正文	
章编号	标题名称
1	范围
2	规范性引用文件
3	术语与定义
4	试验用燃料
5	耐久性要求和试验
6	与污染控制装置耐久性有关的扩展
7	标准实施
附 录	
附录编码	附录名称
附录 A	重型汽车排气污染物排放控制系统耐久性运行试验方法

重型汽油车耐久性和试验要求见表 4-4。

表 4-4　重型汽油车耐久性试验要求

车辆类型	耐久性要求[1]		允许最短试验里程[2]/km
	行驶里程 /km	实际使用时间 /a	
汽油车	80 000	5	50 000

(1) 耐久性要求中的行驶里程和实际使用时间，两者以先到为准。
(2) 允许最短试验里程指采用道路试验方法时最短耐久性运行试验里程。

GB 20890—2007 标准规定，制造企业提交的型式核准汽车或发动机（带后处理装置）的排气污染物排放测量值与耐久性运行试验中所确定的劣化修正值之和，仍满足国家相应排放标准规定的型式核准限值要求，才能准予型式核准。

耐久性运行试验方法包括整车道路耐久性行驶试验和发动机台架耐久性运行试验；其中发动机台架耐久性运行试验方法作为整车道路耐久性行驶试验的等效方法，供制造企业选用。

汽车在跑道、道路或底盘测功机上进行的耐久性行驶试验，按照图 4-4 所示试验循环进行。

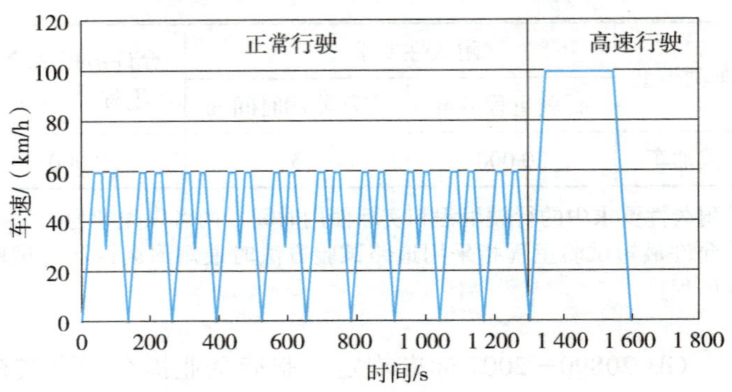

图 4-4 整车道路耐久性行驶试验循环

发动机台架耐久性运行试验应按照标准 GB 20890—2007 中表 AA.3 规定的试验循环进行。循环工况之间的转换时间为 60s ± 5s，该转换时间计入下一工况的运转时间内。

在耐久性运行试验期间，应按照国家有关排放标准进行发动机（带后处理装置）的排气污染物的测量。

最终劣化修正值按下列方法进行确定：

（1）以污染物为纵坐标、行驶里程为横坐标，将耐久性运行试验期间排放试验测得的每一种排气污染物数据分别对应行驶距离进行绘图，并用最小二乘法得到每一种排气污染物所有测量数据点的最佳拟合直线。

（2）利用最佳拟合直线，求出拟合直线上 0 km 时的某种（i）污染物的排放值 $G0_i$，并利用拟合直线推算出耐久性要求行驶里程终点的污染物排放值 $G1_i$。$G0_i$、$G1_i$ 应保留小数点后 4 位，劣化修正值 ΔG_i 按下式计算，圆整到小数点后 3 位。

$$\Delta G_i=G1_i-G0_i$$

第四节　重型汽油车蒸发污染物测试方法和限值要求

汽油车蒸发排放的可挥发性有机物（VOCs）可增强大气氧化性，是形成二次颗粒物、造成雾霾污染的重要污染物，因此有必要加强汽油车燃油蒸发排放控制。其排放来源包括运行损失、热浸损失、呼吸损失（也称昼间损失）和加油损失，详见图 4-5。

我国对重型汽油车蒸发污染物控制昼间损失和热浸损失，按照《装用点燃式发动机重型汽车燃油蒸发污染物排放限值及测量方法（收集法）》（GB 14763—2005）执行。该标准正文部分包括范围、引用标准、术语和定义、型式核准、技术要求和试验、型式核准扩展、生产一致性和标准实施。作为对标准正文的补充，该标准有 4 个附录

1.运行损失
车辆在行驶过程中，受车辆自身及地面热辐射等影响，燃油系统中的碳氢化合物释放到大气中造成的损失。

2.热浸损失
车辆行驶后，因车辆自身产生的热量使燃油系统中的碳氢化合物通过呼吸及挥发等作用释放到大气中造成的损失。

3.呼吸损失
停车静置状态下，受大气环境温度昼夜变化的影响，燃油系统中的碳氢化合物通过呼吸等作用释放到大气中造成的损失。

4.加油损失
因加油过程中燃油液面不断上升，燃油箱及油管中的燃油蒸汽通过加油管及其他通大气口端释放到大气中造成的损失。

图 4-5　蒸发排放来源分类

（表 4-5）。GB 14763—2005 标准与被替代的《汽油车燃油蒸发污染物排放标准》（GB 14761.3—93）和《汽油车燃油蒸发污染物的测量　收集法》（GB 14763—93）相比，增加了炭罐的老化处理要求，对活性炭罐的预试验提出了更严格的要求，并对试验过程进行了更严格的控制。

表 4-5　GB 14763—2005 标准正文及附录

标准正文	
章编号	标题名称
1	范围
2	引用标准
3	术语和定义
4	型式核准
5	技术要求和试验
6	型式核准扩展
7	生产一致性
8	标准实施
附　录	
附录编码	附录名称
附录 A	型式核准申报材料
附录 B	燃油蒸发污染物排放试验规程
附录 C	活性炭罐老化试验规程
附录 D	燃油蒸发污染物排放试验数据记录表格

蒸发污染物排放试验按照 GB 14763—2005 标准附录 B 进行，测量循环包括车辆磨合、活性炭罐处理、呼吸损失试验和热浸损失试验等，试验流程如图 4-6 所示。蒸发污染物排放试验结果为燃油箱呼吸损失和热浸损失两个阶段测定的碳氢化合物的排放质量之和。标准要求蒸发排放量小于 4.0 g/ 测量循环。

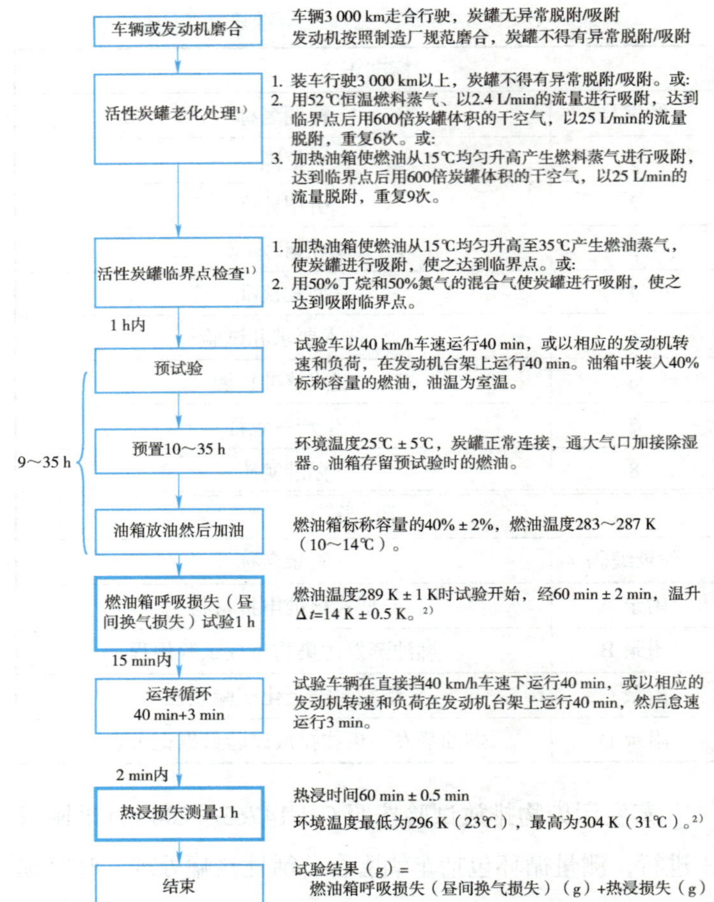

图 4-6 蒸发污染物排放试验流程

注：1) 选用其中任意一种方法。

2) 采用加宽框的项目为测量项，测量值进行结果评判的项目。

第五节　重型汽油车曲轴箱污染物控制要求

曲轴箱污染物主要由完全燃烧、不完全燃烧产物，以及水蒸气、碳烟与微粒状的发动机机油等组成，当汽车发动机工作时，这些气体通过气缸壁、活塞及活塞环三者间的缝隙及活塞环开口等间隙进入曲轴箱，若将该气体直接排出大气会造成污染，故应对曲轴箱污染物排放进行控制。

重型汽油车曲轴箱污染物排放控制要求按照《装用点燃式发动机重型汽车曲轴箱污染物排放限值及测量方法》（GB 11340—2005）执行。该标准正文主要包含范围、引用标准、定义、型式核准、技术要求和试验、生产一致性和标准的实施 7 部分内容；作为对正文的技术补充，该标准还有 2 个附录，详见表 4-6。

表 4-6　GB 11340—2005 标准正文及附录

标准正文	
章编号	标题名称
1	范围
2	引用标准
3	定义
4	型式核准
5	技术要求和试验

续表

标准正文	
章编号	标题名称
6	生产一致性
7	标准的实施
附 录	
附录编码	附录名称
附录 A	型式核准申报材料格式
附录 B	试验规程

GB 11340—2005 标准要求按标准附录 B 规定方法试验时，不允许曲轴箱内的任何气体排入大气，即曲轴箱通风口处的压强应不大于大气压力。

在底盘测功机上进行检测时，按照表 4-7 所示工况运转汽车，同时使用压力计检测曲轴箱通风口的压强，要求该压强不能超过大气压力。

表 4-7 曲轴箱排放试验运转工况

工况顺序	测功机吸收的功率	车速 /（km/h）
1	0	车辆静止， 发动机怠速运转
2	车辆以基准质量，在平坦路面上，以直接挡 50 km/h 等速行驶时的负荷	50 ± 2
3	工况 2 的负荷乘以系数 1.7	50 ± 2

第五章　重型在用车排放标准及管理制度

重型在用车按其发动机工作方式主要分为点燃式（汽油车、天然气汽车）和压燃式（柴油车）汽车。因其燃烧方式不同，所以排放的主要污染物和控制重点也不同，因此分别制定标准加以控制。本章主要介绍重型在用车现行的《汽油车污染物排放限值及测量方法（双怠速法及简易工况法）》（GB 18285—2018）、《柴油车污染物排放限值及测量方法（自由加速法及加载减速法）》（GB 3847—2018）、《在用柴油车排气污染物测量方法及技术要求（遥感检测法）》（HJ 845—2017）以及跟在用车检测相关的汽车排放检验与维护制度（I/M 制度）等。

第一节　汽油车双怠速法及简易工况法标准

一、概述

《汽油车污染物排放限值及测量方法（双怠速法及简易工况法）》（GB 18285—2018）于 2018 年 11 月 7 日发布，是对 GB 18285—2005 标准的修订。由原来侧重于排放限值和测量方法，调整为外观检验、OBD 检验、上线检测等各个检验项目并重。

GB 18285—2018 标准适用于汽油车污染物排放控制，包括新生产汽车检验、注册登记检验和在用汽车检验，装用点燃式发动机的轻型汽车和重型汽车均可参照该标准，本章主要介绍该标准对在用车的相关要求。

二、实施时间

GB 18285—2018 标准实施日期为 2019 年 5 月 1 日。对全国点燃式发动机汽车进行的环保定期检验，应采用标准规定的简易工况法，无法使用简易工况法检测的车辆，可采用标准规定的双怠速法。

在用汽车 OBD 检查自 2019 年 5 月 1 日起仅检查并报告（标准发布之日起半年后），自 2019 年 11 月 1 日起实施（标准发布之日起一年后）。

三、检验及达标要求

1. 检验项目

GB 18285—2018 标准对在用车检验项目的要求如表 5-1 所示。

表 5-1 GB 18285—2018 标准在用车检验项目

检验项目	在用汽车[(1)]
外观检验（含对污染控制装置的检查和环保信息随车清单核查）	进行[(2)]
车载诊断（OBD）系统检查	进行[(3)]
排气污染物检测	进行[(4)]
燃油蒸发检测	按标准 10.1.2 规定进行[(5)]

[(1)] 符合免检规定的车辆，按照免检相关规定进行。

[(2)] 查验污染控制装置是否完好。

[(3)] 适用于装有 OBD 系统的车辆。

[(4)] 变更登记、转移登记检验按有关规定进行。

[(5)] 省级生态环境主管部门可根据臭氧污染状况采用标准附录 E 中所规定的方法对车辆的燃油蒸发排放控制系统进行检测。

2. 检测要求和排放限值

（1）检测要求

受检车辆需按照表 5-1 的项目进行检测，如果受检车辆排放检测结果中有一项污染物或一个以上检验项目不合格、检测的过量空气系数超出 GB 18285—2018 标准中第 8.1.2 条要求的控制范围或 OBD 系统检验不合格，均判定检验不通过。

在用汽车的排放检测限值分为两个阶段，其中限值 a 是为防治在用汽车排气污染，促进在用汽车强制维护保养而制定的排气污染物排放限值；而汽车保有量达到 500 万辆以上，或机动车排放污染物为当地主要空气污染源，或按照法律法规设置低排放控制区的城市，经省级人民政府批准后可以选用限值 b，但应设置足够的实施过渡期。目前全国各省市均采用 a 阶段限值。

GB 18285—2018 标准建议各地逐步过渡至简易工况法进行检测。

（2）排放限值

双怠速法、稳态工况法、瞬态工况法和简易瞬态工况法排气污染物排放限值分别如表 5-2 至表 5-5 所示。

表 5-2 双怠速法排气污染物排放限值

类别	怠速		高怠速	
	CO/%	HC[1]/10^{-6}	CO/%	HC[1]/10^{-6}
限值 a	0.6	80	0.3	50
限值 b	0.4	40	0.3	30

[1] 对以天然气为燃料点燃式发动机汽车，该项目为推荐性要求。

表 5-3 稳态工况法排气污染物排放限值

类别	ASM5025			ASM2540		
	CO/%	HC[1]/10^{-6}	NO/10^{-6}	CO/%	HC[1]/10^{-6}	NO/10^{-6}
限值 a	0.50	90	700	0.40	80	650
限值 b	0.35	47	420	0.30	44	390

[1] 对于装用以天然气为燃料点燃式发动机汽车，该项目为推荐性要求。

表 5-4　瞬态工况法排气污染物排放限值

类别	CO/（g/km）	$HC+NO_x$/（g/km）
限值 a	3.5	1.5
限值 b	2.8	1.2

表 5-5　简易瞬态工况法排气污染物排放限值

类别	CO/（g/km）	HC(1)/（g/km）	NO_x/（g/km）
限值 a	8.0	1.6	1.3
限值 b	5.0	1.0	0.7

(1) 对于装用以天然气为燃料点燃式发动机汽车，该项目为推荐性要求。

四、检验程序和方法

1. 检验流程

对于在用车检验，车辆登录后开始按照图 5-1 流程进行检验，车辆登录和检测结果都应通过计算机进行。

2. 外观检验

应对被检车辆的车况进行检查：燃油蒸发控制系统、发动机排气管、排气消声器和排气后处理装置的外观及安装紧固部位进行外观检验，是否存在烧机油或者冒黑烟现象等，并且检查车辆是否配置有 OBD 系统，是否适合进行简易工况法检测。外观检验内容应实时录入检测系统。

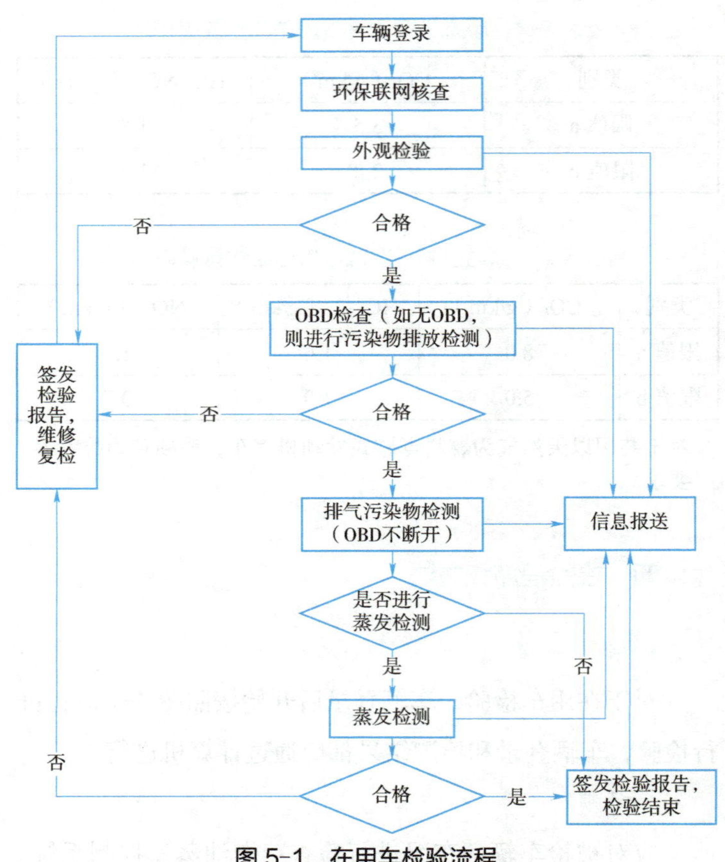

图 5-1 在用车检验流程

变更登记、转移登记检验时应查验污染控制装置是否完好。

3. OBD 检查

在进行 OBD 检查时，将 OBD 诊断仪连接到车辆

OBD 接口，OBD 诊断仪将扫描内容自动传输到检测主控机，主控机检测软件自动记录和判定。OBD 检验项目包括：故障指示器状态，并使用 OBD 诊断仪查看故障代码、故障里程和就绪状态值。

OBD 扫描仪扫描内容和检查程序主要参考《轻型汽车车载诊断（OBD）系统管理技术规范》（HJ 500—2009）规定。

4. 排气污染物检测方法

目前我国对在用汽油车采用的检测方法主要有双怠速法、稳态工况法、简易瞬态工况法、瞬态工况法。双怠速法在我国应用较早，主要针对没有安装三元催化器的化油器车辆。随着车辆排放控制技术的不断提高，为了通过检验及时发现劣化或失效的催化转化器，稳态工况法和简易瞬态工况法逐步替代了双怠速法。瞬态工况法虽在标准中有规定，但由于设备成本高、检验时间长，并未在实际中应用。

目前标准中要求全国范围的汽车环保定期检验应采用稳态工况法和简易瞬态工况法进行，由于前期汽车稳态工况法和简易瞬态工况法一直在开发和试用阶段，全国各地多种方法并存，多种测量设备并用，为了有效监管，GB 18285—2018 标准规定：“同一省份原则上应采用同一种检测方法。采用本标准规定的不同方法的检测结果各地应予互认。”对无法使用稳态工况法或简易瞬态工况法的车辆，可采用双怠速法进行。另外，双怠速法还可在生态环境主管部门路检路查和入户抽查时使用。

（1）双怠速法排气污染物排放检测

使用双怠速测量仪器对检测车辆进行排放测量时，发动机冷却液或润滑油温度应不低于 80℃，或者达到汽车使用说明书规定的热状态。

分别在车辆运行至怠速状态和高怠速状态下，将排气分析仪取样探头插入排气管中（深度不少于 400 mm，若车辆排气管长度小于测量深度时，应使用排气延长管），读取 30s 内的最高值和最低值，其平均值即为高怠速污染物测量结果。对使用闭环控制电子燃油喷射系统和三元催化转化器技术的汽车，还应同时计算过量空气系数（λ）。

（2）稳态工况法排气污染物排放检测

车辆在底盘测功机上进行稳态工况法的测试，测试循环由 ASM5025 和 ASM2540 两个工况组成，如图 5-2 所示。

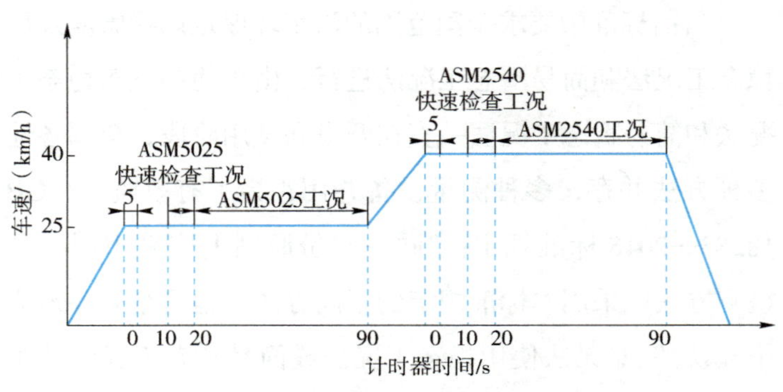

图 5-2 稳态工况测试循环

当 ASM5025 测试中任何一种污染物连续 10 s 的平均值超过限值，则车辆应立即加速运行到 ASM2540 工况进行检测。

ASM5025 和 ASM2540 的运行时间均为 90 s，区别仅为速度不同。测试时可以快速检查工况的 10 s 内的排放平均值，经修正后如果等于或低于限值的 50%，则测试合格，排放检测结束。

若以上测试不合格，应继续进行至 90 s 工况。如果所有检测污染物连续 10 s 的平均值均低于或等于标准规定的限值，则该车应判定为排放检验合格。

在检测过程中如任何一种污染物连续 10 s 的平均值超过限值，或任意连续 10 s 内的任何一种污染物 10 次排放值经修正后均高于限值的 50%，则该工况排放测试不合格。

无论在哪个测试工况下，测试结果均取最后一次的 10 s 平均值，按规定的公式进行计算和修正，作为测试结果输出。

（3）简易瞬态工况法排气污染物排放检测

车辆在底盘测功机上进行简易瞬态工况法测试，整个测试循环约 195 s，须按照标准规定的车速行驶（测试循环见图 5-3），启动发动机后，保持怠速运转 40 s，然后开始对排气污染物进行采样分析。

在整个测试循环中，排放测量系统应能够逐秒测量并记录稀释排气的 HC、CO、CO_2 和 NO_x 浓度，测试结束后进行污染物排放量的计算并记录。

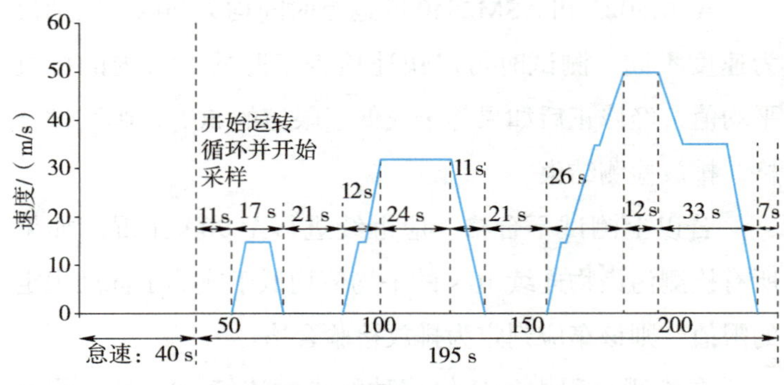

图 5-3 简易瞬态工况测试循环

（4）瞬态工况法排气污染物排放检测

瞬态工况法和简易瞬态工况法使用相同的试验循环，相同的底盘测功机，但是瞬态工况法对检测的其他仪器设备要求的精度较高。因而，建议汽车制造厂使用该方法进行新车下线检测。

5. 燃油蒸发排放控制系统检测

省级生态环境主管部门可根据本地臭氧污染状况决定是否进行燃油蒸发排放控制系统的检测，测量方法按 GB 18285—2018 标准附录 E 中所规定的方法进行。

应分别完成燃油蒸发排放控制系统外观检验、进油口压力测试及油箱盖测试（对于无油箱盖设计的车辆可不进行油箱盖测试）。

（1）进油口压力测试

将燃油蒸发排放控制系统初始压力稳定在 3 500 Pa ± 250 Pa，保持 120 s，如果压力损失超过了 1 500 Pa，则测试结果不合格。

（2）油箱盖测试

包括压力损失测试和进气流量测试，测试方法可任选一项进行。①压力损失测试时，在燃油液面顶部有 1 L 的空间，启动时的压力规定为 7 000 Pa ± 250 Pa，如果在 10 s 的测试过程中，压力损失超过了 1 500 Pa，则油箱盖测试不合格。②进气流量测试时，在压力为 7 500 Pa 的条件下，泄漏流量不应超过 60 mL/min，用流量方法测得的泄漏速率应当换算为标准状态（23℃，101.35 kPa）下的泄漏速率。如果在 7 500 Pa 的条件下，该泄漏速率超过了 60 mL/min，则油箱盖测试不合格。

第二节　柴油车自由加速法及加载减速法标准

一、概述

《柴油车污染物排放限值及测量方法（自由加速法及加载减速法）》（GB 3847—2018）于 2018 年 9 月 27 日

发布，是对《车用压燃式发动机和压燃式发动机汽车排气烟度排放限值及测量方法》（GB 3847—2005）和《确定压燃式发动机在用汽车加载减速法排气烟度排放限值的原则和方法》（HJ/T 241—2005）的修订。该标准规定了在用柴油车污染物测量方法和排放限值、OBD 检查、外观检验等内容。

GB 3847—2018 标准适用于柴油车污染物排放控制，包括新生产汽车检验、注册登记检验和在用汽车检验。该标准也适用于其他装用压燃式发动机的新生产和在用汽车。不适用于低速载货汽车和三轮汽车。本章主要介绍该标准对在用车的相关要求。

二、实施时间

GB 3847—2018 标准实施日期为 2019 年 5 月 1 日。对全国装用压燃式发动机的汽车进行的环保定期检验，应采用标准规定的加载减速法进行，无法使用加载减速法检测的车辆，可采用标准规定的自由加速法进行。

OBD 检查和氮氧化物测试自 2019 年 5 月 1 日起仅检查并报告（标准发布之日起半年后），自 2019 年 11 月 1 日起实施（标准发布之日起一年后）。

全国范围实施该标准规定的限值 b 具体时间由国务院生态环境主管部门另行发布。

三、检验及达标要求

1. 检验项目

GB 3847—2018 标准在用车检验项目见表 5-6。

表 5-6　GB 3847—2018 标准在用车检验项目

检验项目	在用汽车[(1)]
外观检验（含对污染控制装置的检查和环保信息随车清单核查）	进行[(2)]
车载诊断（OBD）系统检查	进行[(3)]
排气污染物检测	进行[(4)]

(1) 符合免检规定的车辆，按照免检相关规定进行。
(2) 查验污染控制装置是否完好。
(3) 适用于装有 OBD 系统的车辆。
(4) 变更登记、转移登记检验按有关规定进行。

2. 达标要求和排放限值

在用汽车排气烟度检验排放限值见表 5-7，其中限值 a 是为防治在用汽车排气污染，促进在用汽车强制维护保养而制定的排气污染物排放限值；而汽车保有量达到 500 万辆以上，或机动车排放污染物为当地主要空气污染源，或按照法律法规设置低排放控制区的城市，应在充分征求社会各方面意见基础上，经省级人民政府批准，并依法经国务院生态环境主管部门备案后可以选用限值 b，但应设置足够的实施过渡期。目前全国各省市均采用 a 阶段限值。

表 5-7 在用汽车排气烟度检验排放限值

类别	自由加速法	加载减速法		林格曼黑度法
	光吸收系数 /m^{-1} 或不透光度 /%	光吸收系数 /m^{-1} 或不透光度 /%	氮氧化物 /10^{-6}	林格曼黑度 / 级
限值 a	1.2（40）	1.2（40）	1 500	1
限值 b	0.7（26）	0.7（26）	900	

(1) 海拔高度高于 1 500 m 的地区加载减速法可以按照每增加 1 000 m 增加 0.25 m^{-1} 幅度调整，总调整不得超过 0.75 m^{-1}。
(2) 2020 年 7 月 1 日前限值 b 氮氧化物过渡限值为 1 200 × 10^{-6}。

四、检验方法

1. 外观检验

应对被检车辆的车况进行检查：发动机排气管、排气消声器和排气后处理装置的外观及安装紧固部位进行外观检验，是否存在烧机油或者冒黑烟现象等，并且检查车辆是否配置有 OBD 系统，判断车辆是否适合进行加载减速法检测。外观检验内容应实时录入检测系统。

变更登记、转移登记检验时应查验污染控制装置是否完好。外观检验内容应实时录入检测系统。

2. OBD 检查

考虑到目前 OBD 扫描仪的现状，OBD 检查内容将分两个阶段实施。第一阶段为人工扫描和记录阶段，用 OBD 扫描仪扫描后，人工连接到电脑读取和记录扫描结果。第二阶段为自动传输阶段，将 OBD 扫描仪放置在尾气检测线上，连接车辆 OBD 接口，OBD 扫描仪扫描内容自动传输到检测主控机，主控机检测软件自动记录和判定。OBD 检验项目包括：故障指示器状态，并使用 OBD 诊断仪查看故障代码、故障里程和就绪状态值。

3. 排气烟度检测方法

在用柴油车目前使用的排气烟度检测方法主要为自由加速法和加载减速法。自由加速法是指在自由加速工况时检测尾气排放的试验方法，属于无负载的检测方法，常用于生态环境主管部门路检路查和入户抽查。加载减速法试验是指将受检车辆放置在底盘测功机上，通过底盘测功机加载模拟车辆在道路上的高负荷运行工况，按照 GB 3847—2018 标准规定的试验程序测量车辆的排气烟度和氮氧化物，属于有负载的检测方法。

对全国装用压燃式发动机的汽车进行的环保定期检验，应采用 GB 3847—2018 标准规定的加载减速法进行，无法使用加载减速法检测的车辆，可采用标准规定的自由加速法进行。

（1）自由加速法

使用不透光烟度计对汽车进行检测。在试验开始前，车辆应充分预热，在每个自由加速循环的开始点均处于怠速状态。对重型车用发动机，将油门踏板放开后至少等待

10 s。在进行自由加速测量时，必须在 1 s 内，将油门踏板快速但不猛烈、连续地完全踩到底，使供油系统在最短时间内供给最大油量。

对每一个自由加速测量，在松开油门踏板前，发动机必须达到断油点转速。对带自动变速箱的车辆，则应达到制造厂声明的转速（如果没有该数据值，则应达到断油转速的 2/3）。关于这一点，在测量过程中必须进行检查，例如，通过监测发动机转速或延长油门踏到底后与松开油门前的间隔时间，对于重型汽车，该间隔时间应至少为 2 s。

计算结果取最后 3 次自由加速测量结果的算术平均值，在计算均值时可以忽略与测量均值相差很大的测量值。

（2）加载减速法

该试验适用于装用压燃式发动机、最大设计速度大于或者等于 50 km/h 的在用汽车，测试需要在底盘测功机上进行。全时四轮驱动车辆不能按加载减速法进行试验，可按自由加速法进行检测。柴油车主要以货运为主，往往满载甚至违法超载运行，此时柴油车的功率输出达到极限状况，排放更为恶劣。加载减速工况法（即 Lug Down 法）正是针对该行驶状况设计的一种排气检测方法，通过底盘测功机加载模拟车辆在道路上的高负荷运行工况，测试过程更贴近车辆高负载实际行驶状况，测试结果能更有效地表征柴油车的真实排放状况。

加载减速试验在底盘测功机上进行，检测前应对车辆和检测系统进行检查：一是对车辆进行预先检查，确定受检车辆与证件是否一致，以及进行排放检测的安全性。如果发现受检车辆的车况太差，不适合进行加载减速法检测，应进行修理后才能进行检测。二是检查底盘测功机参数是否能够满足待检车辆的功率要求，同时检查检测系统的工作状态是否正常。

正式检测开始前，检测员应按下面步骤操作，以便使控制系统能够获得自动检测所需的初始数据：将车辆放置在底盘测功机转鼓上，按照车辆道路实际运行时的路面行驶阻力情况设置测功机，启动发动机，变速器置空挡，逐渐加大油门踏板开度直到最大，并保持在最大开度状态，系统自动记录这时发动机的最大转速，然后松开油门踏板，使发动机回到怠速状态。由驾驶员选择不同的挡位，油门踩到底运行车辆，记录最大车速，选出最大车速最接近 70 km/h（但不超过 100 km/h）的挡位，则该挡位为试验挡位。

同时，计算机对按上述步骤获得的数据自动进行分析，判断是否可以继续进行检测，所有被判定为不适合检测的车辆都不允许进行加载减速检测。

检测时，将底盘测功机切换到自动检测状态。驾驶员在测试挡位下，油门踩到底运行车辆，直到系统提示完成检测，同时，测试系统自动运行功率扫描和排气测量过程。当被检车辆在转鼓上按正常路面行驶阻力达到最高车速时，开始进行功率扫描，通过底盘测功机不断增加负荷，使车辆因行驶阻力加大而逐渐减速，同时计算轮边功率值，寻找被检车辆发出最大轮边功率值时所对应的转鼓表面线速度（VelMaxHP）值。获得 VelMaxHP 值并完成功率扫描后，系统自动开始排气测量过程，通过改变底盘测功机加载负荷，将被检车辆的车速按顺序分别稳定控制在 VelMaxHP 值的 100% 和 80% 两个工况点，在每个工况点稳定至少 5 s 后，采集 7 s 的检测数据，包括轮边功率、发动机转速、排气光吸收系数及氮氧化物。取 7 s 内的平均值为检测结果。

必须将不同工况点的测量结果与排放限值进行比较。若修正后的最大轮边功率低于所要求的最小功率，或者测得的排气光吸收系数 k 和 NO_x 超过了标准规定的限值，均判断该车的排放不合格。

第三节　柴油车遥感检测法标准

一、概述

遥感检测是一种非接触式的光学测量手段，既能快速监测高排放车辆，又不影响车辆正常行驶。遥感检测可在车辆行驶中直接测量尾气排放中的各项污染物，自动化程度较高，每小时可测试上百辆机动车，并且可以同时记录被测车辆的车速、加速度和车辆牌照等信息。通过道路遥感检测可以获得单车排放状况、了解车队排放分布情况、不同类型车辆随车龄的排放变化信息等，也可用于筛选高排放车辆和对排放措施的实施效果进行评估等。

《中华人民共和国大气污染防治法》第五十三条规定："在不影响正常通行的情况下，可以通过遥感检测等技术手段对在道路上行驶的机动车的大气污染物排放状况进行监督抽测，公安机关交通管理部门予以配合。"为此，2017 年，环境保护部制定并发布了《在用柴油车排气污染物测量方法及技术要求（遥感检测法）》（HJ 845—2017）。遥感检测作为不影响道路正常通行的监督抽测方法，是环保定期检验的有效补充。

HJ 845—2017 标准规定了利用遥感检测法实时检测柴油车排气污染物的测量方法、仪器安装要求、结果判定原则和排放限值，明确了适用于固定式遥感检测和移动式遥感检测，适用于《机动车辆及挂车分类》（GB/T 15089—2001）规定的装用压燃式发动机的汽车。

二、实施时间

HJ 845—2017标准于2017年7月27日发布，标准自发布之日起实施。

三、标准限值

装用压燃式发动机的汽车遥感检测污染物排放限值如表5-8所示。

表5-8 遥感检测污染物排放限值

项目	不透光度/%	林格曼黑度/级	NO[1]（体积分数）
限值	30	1	$1\,500 \times 10^{-6}$

[1] NO限值仅适用于筛查高排放车。

连续两次及以上同种污染物检测结果超过表5-8的排放限值，且测量时间间隔在6个月内，则判定受检车辆排放不合格。

四、检测方法

1. 测量地点和环境要求

测量地点应为视野良好且路面平整的长上坡道路。

测量需要满足一定的天气条件才可以进行：无雨、雾、雪、明显扬尘等，并且对空气温度、湿度、压力和风速均有要求。

2. 检测设备安装要求

遥感检测设备根据工作情况主要分为垂直固定式、水平固定式（图 5-4）和移动式遥感检测设备。垂直式遥感检测设备应固定安装在道路上方的龙门架上，龙门架高度不应低于 5 m，在测量车道正上方安装遥感检测发射端，在正下方的车道位置铺设反射装置。水平式遥感检测设备污染物排气分析系统水平放置，推荐的尾气排放检测光路距地面高度范围为 20～40 cm。

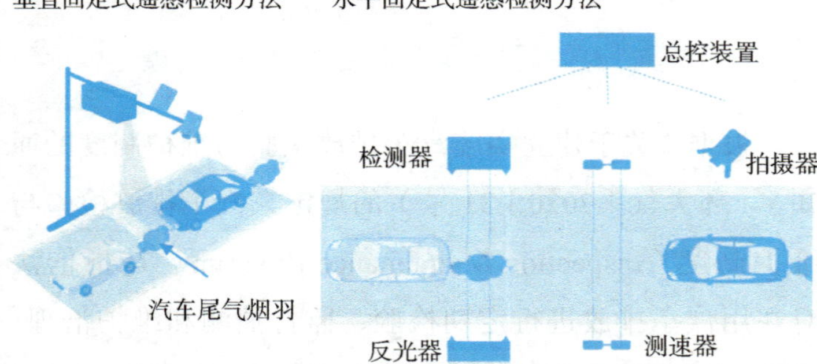

图 5-4　固定式遥感检测方法示意图

移动式遥感检测设备的安装应符合水平固定式遥感检测设备的要求，还应配置卫星定位系统，以获取遥感检测地点的地理位置信息。

3. 遥感检测和数据记录

在遥感测量地点，每经过一辆车，无论是否获得有效排放数据，测量系统均生成一个记录，每个记录都需要赋予特定的序列号作为检测记录编号。每条记录至少记录了以下信息：输入参数、环境参数、每辆检测车辆的排放结果、车辆信息、检测结果等以及系统的自动校准和检查数据记录。

第四节 汽车排放检验与维护制度（I/M 制度）

一、汽车排放检验与维护制度的建立与发展

根据《关于建立实施汽车排放检验与维护制度的通知》（环大气〔2020〕31 号）的规定，汽车排放检验与维护制度（Inspection Maintenance Program）是指依法对在用汽车排放进行定期检验、监督抽测和维护治理，使汽车排放符合相关标准要求的管理制度，简称“I/M 制度”。

I/M 制度起源于 20 世纪 80 年代的美国，对减少美国加利福尼亚州（简称“加州”）等汽车排放重点地区的空气污染、改善空气质量发挥了重要作用。日本和欧盟诸国实施 I/M 制度后，在空气质量改善方面也取得明显成效。

实施 I/M 制度可有效治理超标排放车辆，快速削减汽车排放污染物，通过对车辆的性能进行恢复性维修，提高车辆燃油经济性，降低汽车使用成本。同时，对维修人才队伍建设、提高维修装备技术水平、提高行业信息化水平等起到重要的助推作用。

随着机动车排放污染的日益严重，我国从 20 世纪 80 年代后期，也开始了对在用车辆的排放监督管理。1987 年首次发布的《中华人民共和国大气污染防治法》（以下简称《大气污染防治法》）中规定，机动车船向大气排放污染物不得超过规定的排放标准，对超过规定的排放标准的机动车船，应当采取治理措施。首次对机动车排放污染物提出了达标要求，对于超标车辆需采取治理措施。《大气污染防治法》的出台奠定了我国汽车排放检验与维护制度的法律基础。此后相关主管部门陆续发布的多个文件，不断完善着汽车排放检验与维护制度（图 5-5）。2020 年 6 月，生态环境部、交通运输部和市场监管总局联合下发了《关于建立实施汽车排放检验与维护制度的通知》（环大气〔2020〕31 号），第一次提出了汽车排放检验与维护的联动机制，并进一步细化了实施要求，实现在用车检测和维护闭环管理，标志着我国 I/M 制度的完善。

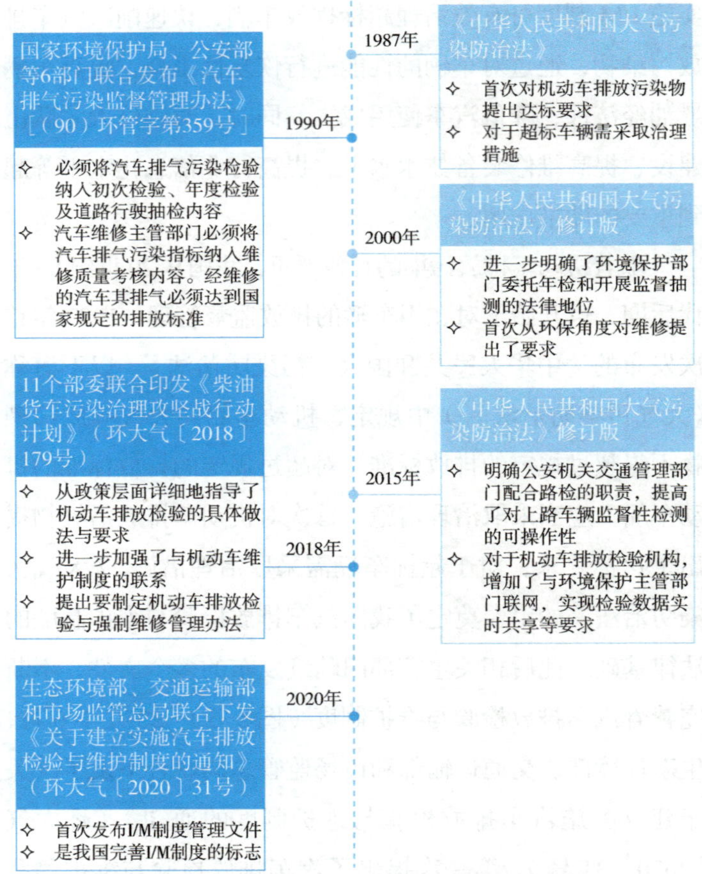

图 5-5 汽车排放检验与维护制度发展进程

二、我国在用汽车排放检验制度的实施

汽车排放检验的任务就是将排放超标车辆检出，即将

排放污染超标车辆识别出来。我国目前汽车排放检验方式以汽车定期排放检验为主，辅以抽检、路检（遥测法）等方式，按照相关规范进行排放检验，并与生态环境部门联网，实现检验数据实时共享。

1. 机动车排放定期检验

机动车排放定期检验是指按照法律法规和标准规定，对已注册登记的汽车定期进行的排放检验。汽车排放检验机构依法通过资质认定（计量认证），使用经依法检定合格或校准的排放检验设备，依据在用车相关标准，按照《机动车排放定期检验规范》（HJ 1237—2021）和《汽车排放定期检验信息采集传输技术规范》（HJ 1238—2021）等规范进行排放检验。为进一步加强机动车排放定期检验监管，国家又出台了《关于进一步规范排放检验加强机动车环境监督管理工作的通知》（国环规大气〔2016〕2 号）、《柴油货车污染治理攻坚战行动计划》（环大气〔2018〕179 号）和《关于建立实施汽车排放检验与维护制度的通知》（环大气〔2020〕31 号）等政策文件。

2. 机动车环保监督抽测

机动车环保监督抽测是指按照《中华人民共和国大气污染防治法》的要求，县级以上地方人民政府生态环境主管部门在机动车集中停放地、维修地对在用机动车的大气污染物排放状况进行监督抽测；以及在不影响正常通行的情况下，对在道路上行驶的机动车的大气污染物排放状况进行监督抽测，所采用的方法为遥感检测或黑烟抓拍。《柴油货车污染治理攻坚战行动计划》（环大气〔2018〕179号）中要求，各地生态环境部门应将本地超标排放车辆信息，以信函或公告（在政府网站发布）等方式，及时告知车辆所有人及所属企业，督促限期到与交通运输和生态环境部门联网的具有相应资质能力的维修单位进行维修治理，经维修合格后再到排放检验机构进行复检，公安交管、交通运输部门应当协助联系车辆所有人和所属企业；对于登记地在外省（区、市）的超标排放车辆信息，各地应及时上传到国家机动车环境监管平台，由登记地生态环境部门负责通知和督促。未在规定期限内维修并复检合格的车辆，生态环境、交通运输部门将其列入监管黑名单并将车型、车牌、企业等信息向社会公开，同时依法予以处理或处罚。

三、我国在用汽车排放性能维护（维修）制度的实施

我国自20世纪90年代开展在用车检测以来，一直注重超标车的维修治理。各地方环保部门纷纷出台地方法规，对于年检或监督性抽查中发现的超标车辆，规定排放性能维修的管理要求。但是，长时间以来一直没有全国性法规，直至2020年，国家交通和生态环境部门共同推进实施I/M制度，将检测和维修进行有效整合，实现闭环管理。

根据《关于建立实施汽车排放检验与维护制度的通知》（环大气〔2020〕31号）的规定，对于超标排放汽车，汽车排放检验机构通过书面告知、手机短信等方式通知汽车所有人或使用人到汽车排放性能维护（维修）站维护修理。汽车排放检验机构应积极为复检车辆提供预约服务、开辟绿色通道、实行检测费优惠等便利措施。超标排放汽车到汽车排放检验机构复检的，汽车排放检验机构应通过系统查询其维护修理记录作为复检凭证。暂不具备信息化条件的地区，汽车排放检验信息系统和汽车维修电子健康档案系统在实现联网前，可以将维修结算清单或者《机动车维修竣工出厂合格证》作为复检凭证。

汽车未经检验合格或未取得检验合格标志上路行驶的，要被依法进行处罚。在用机动车排放大气污染物超过标准限值的，需要进行维修；经维修或者采用污染控制技术后，大气污染物排放仍不符合国家在用机动车排放标准的，应强制报废。其所有人应当将机动车交售给报废机动车回收拆解企业，由报废机动车回收拆解企业按照国家有关规定进行登记、拆解、销毁等处理。

四、强化汽车排放检验与维护的监督管理

根据《关于建立实施汽车排放检验与维护制度的通知》（环大气〔2020〕31号）的规定，地方各级生态环境

部门要会同交通运输、公安交管、市场监管部门完善监管执法模式。推行生态环境部门检测取证、公安交管部门实施处罚、交通运输部门监督维修、市场监管部门监督检测的联合监管执法模式。

地方各级生态环境部门和市场监管部门要依法加强汽车排放检验机构的监督检查，可采取现场随机抽检、排放检测比对、远程监控排查等方式，强化对排放检验机构的监管。

对于异地登记车辆排放检验比较集中、排放检验合格率异常的排放检验机构，应作为重点对象加强监管。

严厉打击排放检验机构伪造检验结果、出具虚假报告、屏蔽或者修改车辆环保监控参数等违法行为；对存在此类违法行为的检验机构，一经查实，生态环境部门暂停其网络连接和检验报告打印功能，依法予以严格处罚并公开曝光。同时将相关违法违规行为通报市场监管部门，由市场监管部门依法处罚，并记入信用记录。

实际操作中，生态环境部门主要通过监督性抽测，发现超标车辆后移交交管部门处罚；同时责令车主限期维修治理，交通运输部门负责监督维修厂；在定期排放检验中，生态环境部门主要负责监管检测过程是否符合标准要求，市场监督管理部门负责监管检测机构违法行为以及取消检测资质。

第六章　柴油车排放远程监控技术管理应用方法

第一节　概述

重型车一直以来都是移动源污染物排放管控的重点和难点，由于重型车保有量以及过境外埠重型车流量较大，全面开展重型柴油车专项治理不能完全依赖执法人员的现场监管与排放测试。2018年在国务院《政府工作报告》中提出开展柴油货车超标排放专项治理，《中共中央　国务院关于全面加强生态环境保护　坚决打好污染防治攻坚战的意见》（中发〔2018〕17号）提出“打好柴油货车污染治理攻坚战，要求建设‘天地车人’一体化的机动车排放监控系统，完善机动车遥感监测网络”。“天地车人”一体化移动源排放监控体系中的“车”，指的就是车载在线监控。在《打赢蓝天保卫战三年行动计划》（国发〔2018〕22号）和《柴油货车污染治理攻坚战行动计划》（环大气〔2018〕179号）等文件中，对重型柴油车远程在线监控系统也提出了建设要求。

目前，我国重型车排放远程监控依据的标准规范主要是2018年8月发布的GB 17691—2018标准，以及《重型车排放远程监控技术规范》（HJ 1239—2021）系列标准，这些标准对重型车远程监控系统整体框架部署要求、企业平台技术要求、车载终端测试规范、企业平台通信协议等内容进行了详细的规定。重型车排放远程监控可有效服务于生态环境主管部门，实现重型车排放监测、超标预警和精准定位，可极大提高生态环境主管部门对重型车排放监管的监管效率，将是未来最重要的监管手段。

第二节　技术概述

一、主要功能

目前，我国重型车排放远程监控主要通过数据采集技术，将车辆实时运行和排放数据经无线网络传输至生态环境部管理平台，由生态环境部管理平台对数据进行收集、存储、分析及决策判断（图6-1），从而支撑在用车监督管理。此外，通过管理平台还能够对排放超标车辆车主进行提醒，通知其进行维护，有助于减少车辆的实际道路污染物排放。

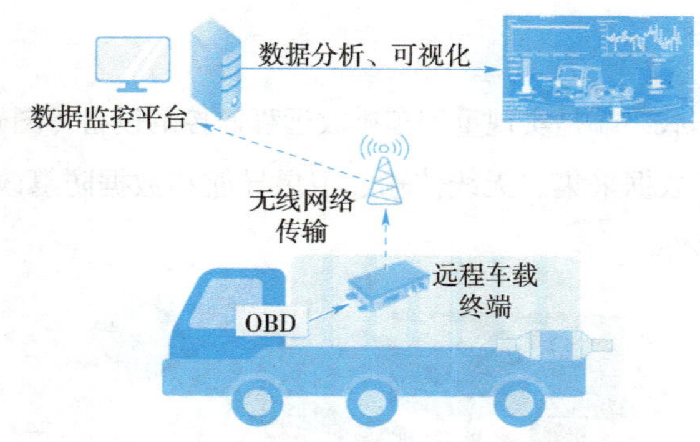

图 6-1　重型车排放远程监控系统示意图

二、支撑性技术

重型车排放远程监控的支撑性技术主要有四项，分别是数据采集技术、无线通信技术、卫星导航精准定位技术，以及数据防篡改技术（图 6-2）。

数据采集技术	无线通信技术
实现车辆运行数据和排放数据的采集，重型车的电控单元（行车电脑）和车载诊断（OBD）系统进行数据交互，将发动机的运行状态、排放状态以及OBD信息进行采集。	通过无线信号及时地将实时数据传输到管理部门的信息平台。
卫星导航精准定位技术	**数据防篡改技术**
实现车辆实时位置信息的精准定位。	保证数据在传输过程中不被任何人进行篡改，保证数据的真实性。

图 6-2　重型车排放远程监控的支撑性技术

三、关键设备

车载终端是实现重型车排放远程监控的设备（图 6-3），集成了数据采集、无线传输、卫星导航和数据防篡改四大关键部件。

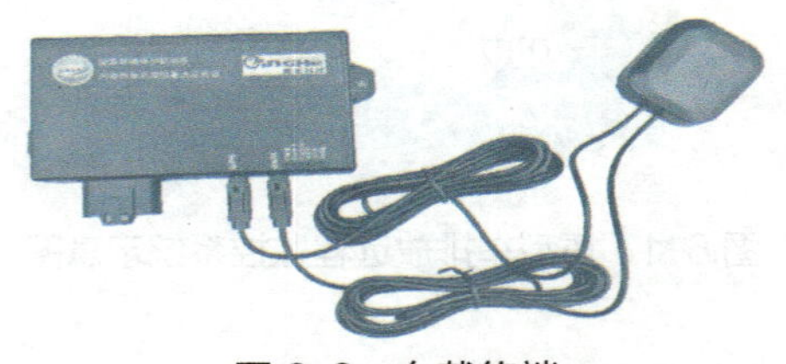

图 6-3 车载终端

第三节 远程监控要求

一、适用范围

按照《重型柴油车排气污染物排放限值及测量方法（中国第六阶段）》（GB 17691—2018）和《重型车排放远程监控技术规范》（HJ 1239—2021）系列标准的要求，重型车排放远程监控适用于第六阶段重型柴油车、燃气车、双燃料车和混合动力电动汽车。

二、数据流向总体框架

国六阶段的车辆在新车上市前已装好车载终端，考虑全国的统一管理，标准设计了“车载终端—企业平台—生态环境部”的重型车排放远程监控数据流向总体框架（图 6-4）。

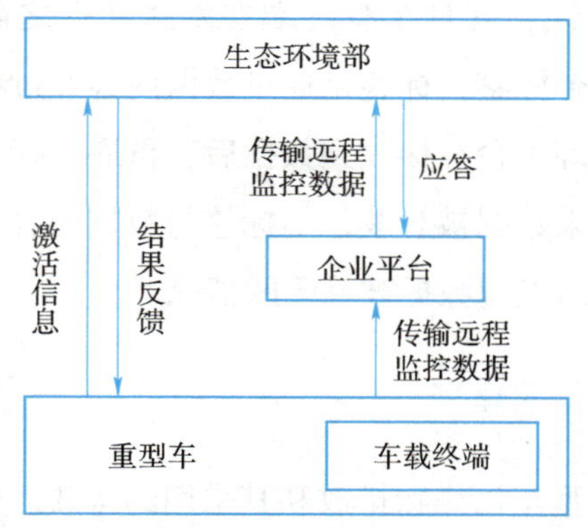

图 6-4　重型车排放远程监控数据流向框架图

车辆启动后，车载终端应首先向生态环境部发送激活信息进行激活，激活成功后，车载终端开始采集车辆实时运行数据，并连接到企业平台，将标准要求的数据传输至企业平台，并由企业平台将数据转发至生态环境部，由生态环境部实施重型车排放远程监管。

三、数据防篡改

依据远程监控的应用场景，鉴于生态环境主管部门将依据远程数据实施监管，传输数据的真实性将尤为重要，必须保证数据在传输过程中不被非法篡改。因此，标准设计了数据防篡改方案，即采用数字签名技术实现数据防篡改。

通俗来说，就是车载终端在发送数据之前，需要给数据附上一个标签，标签是通过数据内容经过特定的运算得到，而管理平台在接收到数据后，再通过标签对数据进行验证，如果数据被篡改，则标签与数据内容无法进行匹配，即可及时发现数据被篡改的情况。

四、数据采集

由于重型车污染物排放和其采用的排放后处理技术路线有很直接的关系，后处理装置的工作状态将直接影响污染物排放情况，而对于不同的后处理装置，表征其工作状态的特征参数也将有所不同，因此，针对不同的排放后处理技术路线，所要求采集的数据流信息也有所不同。

对于采用颗粒捕集器（DPF）和选择性催化还原装置（SCR）的重型车（主要为柴油车），车载终端所采集的相关数据共有16项，包括车速、大气压力、发动机净输出扭矩等基本信息，以及反映SCR和DPF装置运行情况的信息，如DPF压差、SCR出入口温度、NO_x浓度、反应剂余量等。采用DPF和/或SCR技术的重型车，车载终端应采集的发动机数据流信息见表6-1。

表 6-1 车载终端采集的数据（采用 DPF 和 / 或 SCR 技术的车辆）

序号	数据项	作用
1	车速	监控运行状态
2	大气压力	识别海拔范围
3	发动机净输出扭矩	发动机工况分析
4	摩擦扭矩	发动机工况分析
5	发动机转速	发动机工况分析
6	发动机燃料流量	碳排放、排气流量分析等
7	上游 NO_x 传感器输出	SCR 效率监测
8	下游 NO_x 传感器输出	SCR 效率监测，NO_x 排放监测
9	SCR 入口温度	SCR、传感器工作环境分析
10	SCR 出口温度	SCR、传感器工作环境分析
11	DPF 压差	DPF 效率分析
12	进气量	排气量分析
13	反应剂余量	SCR 监测
14	油箱液位	燃料流量校核分析
15	发动机冷却液温度	发动机工作状态分析
16	累计里程	车辆使用情况分析

对于采用三元催化器（Three Way Catalyst，TWC）技术的重型车，表征 DPF 和 SCR 的特征参数均无需采集，而反映 TWC 技术运行情况的参数，如三元催化器温度传感器、前后氧浓度传感器、NO_x 浓度传感器输出值等均需采集，鉴于并非所有采用三元催化器技术的重型车（主要

为燃气车）都会安装 NO_x 传感器，因此 NO_x 传感器输出值仅作为可选项（表 6-2）。

表 6-2 车载终端采集的数据（采用 TWC 技术的车辆）

序号	数据项	作用
1	车速	监控运行状态
2	大气压力	识别海拔范围
3	发动机净输出扭矩	发动机工况分析
4	摩擦扭矩	发动机工况分析
5	发动机转速	发动机工况分析
6	发动机燃料流量	碳排放、排气流量分析等
7	三元催化器上游前氧传感器输出	空燃比监测
8	三元催化器下游后氧传感器输出	三元催化器故障诊断
9	进气量	排气量分析
10	三元催化器温度传感器输出（上游、下游或模拟）	三元催化器工作温度监测
11	三元催化器下游 NO_x 传感器输出 [a]	NO_x 排放监测
12	发动机冷却液温度	发动机工作状态分析
13	累计里程	车辆使用情况分析

[a] 安装 NO_x 传感器的车辆应采集并上传 NO_x 输出值。

现阶段无论是 PEMS 测试还是整车台架测试，数据的采集频率均为 1 Hz。在重型车排放远程监控中，对于排放数据的使用应该保持数据连续。在数据的使用过程中，1 Hz 的频率能够相对准确地反映速度、排放以及车辆运行状态，是车辆监管分析较合理的数据频率。因此，为使采集的数据能够应用于后续的排放分析和治理，规定第六阶段的重型车车载终端数据采集的频率为 1 Hz。

不论采用哪种技术的车辆，均应采集表 6-3 中所要求的 10 项 OBD 信息，OBD 信息的采集频率为至少每 24 h 一次。车载终端还应具备定位信息采集功能，并保证车辆在行驶过程中的定位准确性。结合当前民用导航卫星的定位精度，规定现阶段的定位信息精度为 5 m。

表 6-3　车载终端的 OBD 信息采集

序号	数据项	作用
1	OBD 诊断协议	解读故障码
2	MIL 状态	故障统计
3	诊断支持状态	故障诊断情况
4	诊断就绪状态	故障诊断情况
5	车辆识别代号	车辆身份识别
6	软件标定识别号	软件版本识别
7	标定验证码	软件篡改监测
8	IUPR 值	诊断频率监测
9	故障码总数	故障统计
10	故障码信息列表	故障分析

五、数据存储、传输

考虑到数据传输的并发量和车载终端的发送质量，在采集频率 1 Hz 的基础上规定数据传输周期至少为 10 s。传输时，需将 10 s 内所有逐秒数据打包传输。发动机启动后 60 s 内必须开始传输数据，发动机停机后可以不传输数据。

为防止数据丢失及信号中断等情况的出现，车载终端必须具有数据存储功能，要求能够存储连续 7 d 的数据。由于重型车实际运行路线复杂，有可能通过隧道或偏远山区导致通信链路异常，因此，有必要对数据补传提出要求。当数据通信链路异常时，车载终端应将上报数据进行本地存储。在数据通信链路恢复正常后，在传输实时数据的同时补传存储的历史数据。

六、数据一致性

为保证车载终端采集并解读出的数据与车辆 ECU 实际数据一致，每个型号的车载终端必须进行数据一致性的测试（图 6-5）。

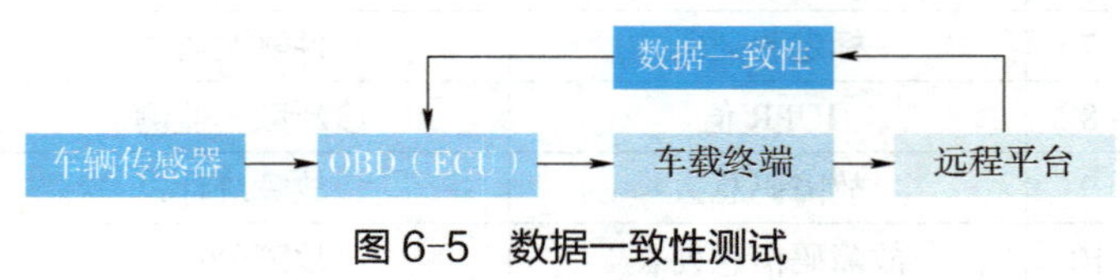

图 6-5 数据一致性测试

测试时，需将车载终端安装到一辆整车上，在整车正常运行时，实时发送数据至检测平台，同时，采用 OBD 通信设备（OBD 诊断仪或者 PEMS 主机模块）对车辆运行数据进行实时采集。将检测平台收到的数据与 OBD 通信设备记录的数据进行比对。对于瞬态变化幅度较大的数据，采用拟合的方法进行数据一致性判定。对于大气压力、DPF 压差、反应剂余量、油箱液位等瞬态变化幅度较小的数据，优先采用拟合类数据项的判定方式及判定标准；若测试过程中变化幅度较小，无法进行最小二乘法拟合，则计算检测平台接收数据的平均值和 OBD 通信设备记录数据的平均值，以平均值的差值进行判断。具体数据项及判定标准见表 6-4。

表 6-4　数据流信息分类及一致性判定标准

数据分类	数据项	判定标准
拟合类	车速、发动机净输出扭矩/实际扭矩、摩擦扭矩、发动机转速、发动机燃料流量、SCR 上游 NO_x 传感器输出值、SCR 下游 NO_x 传感器输出值、进气量、SCR 入口温度、SCR 出口温度、发动机冷却液温度、三元催化器下游 NO_x 传感器输出、三元催化器上游氧传感器输出值、三元催化器下游氧传感器输出值、三元催化器温度传感器输出值等	相关系数 $r^2 \geqslant 0.90$ 回归线的斜率 a：0.9～1.1 回归线的截距≤OBD 数据最大值的 3%
比对类	大气压力	−1 kPa≤平均值差值≤1 kPa
	DPF 压差	−0.5 kPa≤平均值差值≤0.5 kPa
	反应剂余量、油箱液位	−1%≤平均值差值≤1%

第四节 应用案例

通过远程监控数据分析识别高排放车辆、黑加油站点、数据篡改行为等，可为生态环境管理部门提供智能化的管理手段，向社会提供便捷的服务，为“天地车人”一体化机动车排放监控体系提供支撑。本章将免于上线年检、高排放车识别、黑加油站点识别以及物流通道识别四项内容作为典型应用案例进行详细介绍。

一、免于上线年检

《柴油货车污染治理攻坚战行动计划》（环大气〔2018〕179 号）中明确提出，安装远程排放监控设备并与生态环境部门联网且稳定达标排放的柴油车，可在定期排放检验时免于上线检测。利用远程监控数据分析方法，可根据 NO_x 排放数据对所有车型的 NO_x 排放水平进行监测和排序，对于排放好的车型，后续可依据相关政策和标准要求，研究出台免年检政策和具体实施办法。表 6-5 展示了国六 N 类（即载货汽车，按照最大设计总质量可进一步分为 N_1、N_2 和 N_3 类）车型在某个月内 NO_x 排放分析结果最好的前 10 个车型的情况。

表 6-5　N 类国六重型车 NO_x 排放最低车型前 10 排名

排名	车型	所属企业	车辆类型	比排放 / [g/（kW · h）]
1	车型 A	企业 A	N_2	0.034 7
2	车型 B	企业 B	N_3	0.067 0
3	车型 C	企业 C	N_3	0.104 4
4	车型 D	企业 D	N_3	0.142 4
5	车型 E	企业 E	N_3	0.145 1
6	车型 F	企业 F	N_2	0.155 6
7	车型 G	企业 G	N_3	0.200 7
8	车型 H	企业 H	N_2	0.203 3
9	车型 I	企业 I	N_3	0.215 0
10	车型 J	企业 J	N_3	0.215 2

二、高排放车识别

高排放车管理一直以来都是重型车环境管理的重点和难点，受限于监管力量不足、科技手段薄弱，生态环境管理部门往往难以及时发现高排放车并实施监管。利用远程监控手段，可对每辆车的排放情况进行统计和分析，构建数据模型，计算排放因子，从而识别出高排放的车辆。

图 6-6 展示了 2021 年 1—10 月所有联网的 N_3（指最大设计总质量超过 12 t 的载货汽车）类国六重型车 NO_x 排放因子分布情况，大概 11.3% 的 N_3 类国六重型车 NO_x

排放超过 10 g/km，远远高于平均值。结合车辆识别代号（VIN 码）等车辆基本信息和卫星导航定位信息，生态环境管理部门将能够对高排放车辆进行定位，并实施后续现场检查和执法。

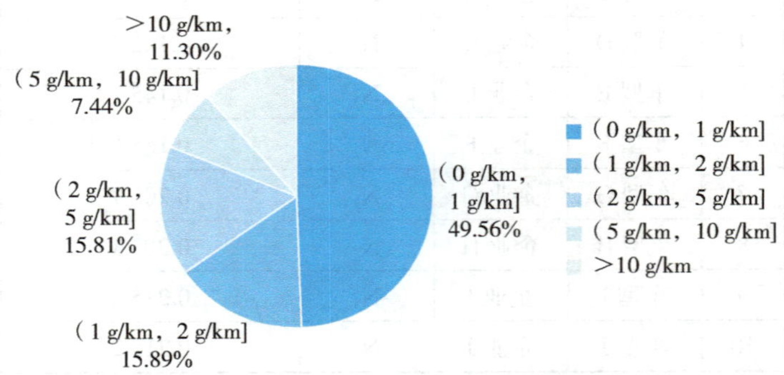

图 6-6　2021 年 1—10 月 N_3 类国六重型车 NO_x 排放因子分布情况

三、黑加油站点识别

使用不合格的燃油将对重型车后处理装置效率产生严重影响，打击黑加油站点已成为移动源污染控制的重要内容。通过油箱液位参数，在管理平台可开展加油行为深度分析，精准定位加油点位，通过加油点位与已备案的合法加油站点位进行位置匹配，即可识别疑似黑加油站点，为相关管理部门的油品监管提供技术支撑。

图 6-7 中红色点位为远程监控数据分析得出的加油点

位，绿色点位为已备案的合法加油站点位，通过数据筛查和对比分析，发现位置 A 处有频繁的加油行为，但该点位没有合法加油站，因此确定该点位为疑似黑加油站点。

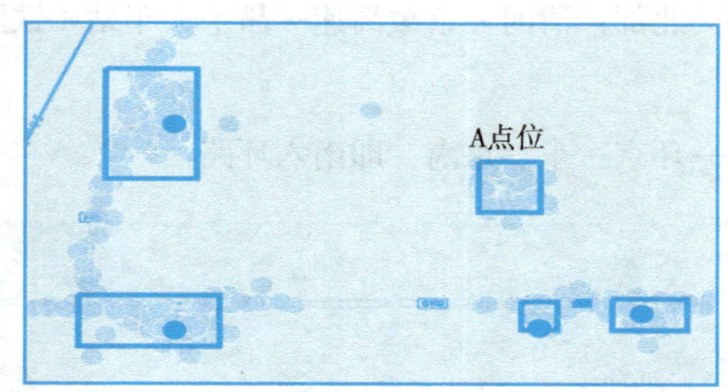

图 6-7　黑加油站点识别

四、物流通道识别

通过对重型车主要物流通道的识别，可以准确甄别重型车主要行驶线路，为生态环境主管部门执法检查站点设置、重污染天气精准布控等监管需求提供技术支撑。

以北京市为例，基于北京市 2021 年 12 月车辆行驶实时数据，共识别出 6 条重要物流通道（图 6-8）：

——西南：房山区窦店物流基地—涿州—高碑店—石家庄

——南部：大兴区京南物流基地—大广高速—大兴国际机场

——东南：马驹桥物流基地—京沪高速—天津塘沽

——东部：顺义区空港物流基地—六环路—京哈高速—唐山

——北部：清河—京藏高速—昌平火车站（铁路物流基地）

——环京：东、东南，即南六环路

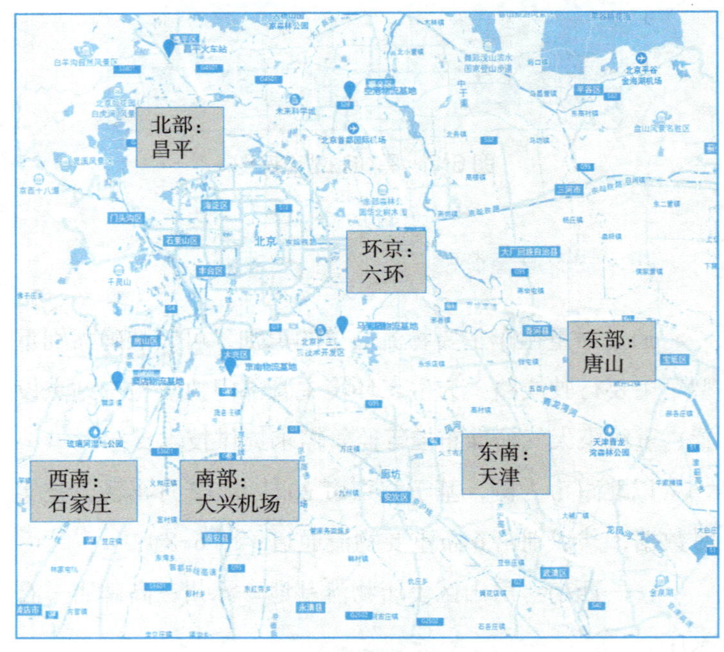

图 6-8　北京市物流通道识别

第七章　PEMS 测试方法

第一节　概述

便携式排放测试系统（portable emissions measurement system，PEMS）指能安装在车辆上，实时进行排气流量、污染物浓度测量，并同时进行环境温度、湿度、大气压力和发动机的转速、负荷、车辆行驶速度、经纬度及海拔等相关参数实时采集的整套排放测试系统。

长期以来，重型车排放标准都是以发动机为测试对象，在发动机台架设备上进行污染物排放测试。由于这种测试方法的运行工况与车辆实际道路运行情况差异较大，且不能进行整车测试，导致存在发动机排放测量达标但实际装车后排放状况无法考核的问题，实际道路排放控制效果不理想。PEMS 测量技术的出现，为车辆实际道路排放测量提供了技术手段，有力地支撑了生态环境管理部门加强对重型车的排放监管。

目前，我国涉及重型车 PEMS 的排放标准有《重型柴油车排气污染物排放限值及测量方法（中国第六阶段）》（GB 17691—2018）和《重型柴油车、气体燃料车排气污染物车载测量方法及技术要求》（HJ 857—2017）。两个标准在适用车型、排放阶段、实施时间、污染物控制项目和排放限值等方面均有差异（表 7-1）。

表 7-1 PEMS 相关标准实施时间、污染物控制项目和限值

<table>
<tr><th rowspan="2">标准</th><th rowspan="2">排放阶段和实施时间</th><th colspan="5">污染物控制项目和排放限值*</th></tr>
<tr><th>发动机类型</th><th>CO/[mg/(kW·h)]</th><th>NO_x/[mg/(kW·h)]</th><th>THC/[mg/(kW·h)]</th><th>PN/[个/(kW·h)]</th></tr>
<tr><td>HJ 857—2017</td><td>国五：2017.10.1</td><td>全部</td><td>6 000</td><td>4 000</td><td>可选</td><td>—</td></tr>
<tr><td rowspan="3">GB 17691—2018</td><td rowspan="3">6a 阶段：
燃气车：2019.7.1
城市车：2020.7.1
所有车：2021.7.1
6b 阶段：
燃气车：2021.1.1
所有车：2023.7.1</td><td>压燃式</td><td rowspan="3">6 000</td><td rowspan="3">690</td><td>—</td><td rowspan="2">1.2×10^{12}（仅适用于 6b 阶段）</td></tr>
<tr><td>双燃料</td><td>1.5 × WHTC 限值</td></tr>
<tr><td>点燃式</td><td>240（液化石油气）
750（天然气）</td><td>—</td></tr>
</table>

*PM 可选择检测，无限值。

重型车 PEMS 测试在实际道路上开展，往往面临较为复杂的测试情况，因而标准中对环境条件、车辆状态、运行工况制定了细致的要求。两个标准在一些技术细节上有所差异。本章对不同标准中的不同技术要求进行了对比说明，并较为详细地介绍了试验条件、设备安装和试验流程等技术内容。

第二节　试验条件

一、环境条件的要求

PEMS 测试基本能够覆盖车辆正常行驶的环境条件。相较国五阶段，国六阶段车辆 PEMS 测试的温度、海拔范围均有所扩大。开展试验前需确保温度和海拔符合标准要求，具体要求详见表 7-2。

表 7-2　不同排放阶段 PEMS 测试的环境条件对比

环境条件	国五阶段	国六阶段
环境温度	2～38℃	-7～38℃
海拔	不高于 1 000 m	6a 阶段：不高于 1 700 m 6b 阶段：不高于 2 400 m

除了海拔范围要求外，还要求试验开始点和结束点之间的海拔高度之差不得超过 100 m，并且试验车辆的累计正海拔高度增加量不大于 1 200 m/100 km。

二、试验车辆的要求

1. 车辆环保信息

试验前应进行车辆外观查验，车辆、发动机、车架号码、后处理等铭牌信息需与企业上传信息公开平台的车辆附录信息一致。

2. 车辆载荷

试验时需模拟车辆实际运行时的代表性载荷状态。GB 17691—2018 标准中规定载荷应按照测试车辆最大载荷的百分比进行计算。最大载荷是指《道路车辆　质量　词汇和代码》（GB/T 3730.2—1996）规定的最大设计装载质量，为最大设计总质量（车辆制造厂规定的最大车辆质量）减去整车整备质量。国六阶段比国五阶段的载荷范围更加宽泛，加强了车辆低载荷运行状态下的 NO_x 排放控制要求。PEMS 测试具体载荷要求详见表 7-3。

表 7-3　不同排放阶段 PEMS 测试的载荷范围对比

排放阶段	国五阶段	国六阶段
车辆载荷范围	M 类：50%～100% N 类：75%～100%	6a 阶段：50%～100% 6b 阶段：10%～100%

3. OBD 系统检查

试验前，应通过 OBD 系统检查确认车辆无故障。试验时，应保证能通过 OBD 系统准确读取发动机转速、扭矩、冷却液温度、发动机最大参考扭矩、瞬时燃料消耗量、负荷、车速等信息。当 OBD 系统诊断出车辆存在故障或问题时应立即解决，故障一旦解决后，应记录并提交给生态环境主管部门。

4. 其他

需检查车辆的牌照、灯光、轮胎及胎压、反光标识等是否正常，确保行车安全。若有故障，应待故障全部解决后再进行正式测试。

三、试验路线的选择

1. 试验路线的划分

测试车辆行驶路线包括市区路、市郊路和高速路 3 类，各类路线的瞬时速度与平均速度均不同。不同排放阶段的车辆行驶路线速度要求详见表 7-4。

表 7-4　不同排放阶段行驶路线速度要求

测试时行驶路线	速度要求	国五阶段	国六阶段	
			N_1、M_1 类车辆	除 N_1、M_1 类外车辆
市区路	瞬时速度范围	0～50 km/h	0～70 km/h	0～55 km/h
	平均速度范围	15～30 km/h	15～30 km/h	15～30 km/h
市郊路	瞬时速度范围	0～75 km/h	0～90 km/h	0～75 km/h
	平均速度范围	45～70 km/h	60～90 km/h	45～70 km/h
高速路	瞬时速度范围	—		
	平均速度范围	＞70 km/h	＞90 km/h	＞70 km/h

试验时，测试车辆应按市区—市郊—高速顺序连续行驶。以国六阶段车辆试验要求为例：第一个出现车速超过 55 km/h（M_1、N_1 类车辆为 70 km/h）的短行程记为市郊路的开始；第一个出现车速超过 75 km/h 的短行程记为高速路的开始（国六阶段 M_1、N_1 类车辆除外）。生产企业也可根据实际情况对测试工况进行调整，但应将相关情况向国务院生态环境主管部门报告。

2. 试验路线的时间占比

时间占比指某类试验路线（市区路、市郊路或高速路）的行驶时间占总测试时间的百分比。为区别各类车辆的行驶特征，不同类型车辆的试验路线时间占比有所不同。一次有效的测试，应满足各类试验路线的百分比要求，允许实际比例有 ± 5% 的偏差。

（1）城市车辆

城市车辆指公交、环卫和邮政车辆，以上车辆多数时间均在市内运行。为体现其行驶特点，标准中规定的试验路线以市区工况为主，市区路时长占总测试时长的 70%、市郊路时长占总测试时长的 30%。

（2）非城市车辆

对于非城市车辆，标准中针对不同车辆类型，根据车辆用途及行驶特点规定了各类试验路线时间占比（表 7–5）。对于同种类型的车辆，国五、国六两项标准中规定的时间占比亦存在差异。相较国五阶段，国六阶段车辆 PEMS 测试更加关注车辆低速运行、排气温度较低时的 NO_x 排放控制。

表 7-5 非城市车辆试验路线时间占比

<table>
<tr><th>车辆类型</th><th>排放阶段</th><th>市区路/%</th><th>市郊路/%</th><th>高速路/%</th></tr>
<tr><td rowspan="2">M_1（国六阶段执行 GB 18352.6 标准的车辆除外）</td><td>国五</td><td>20</td><td>25</td><td>55</td></tr>
<tr><td>国六</td><td>34</td><td>33</td><td>33</td></tr>
<tr><td rowspan="2">N_1（执行 GB 18352.6 标准的车辆除外）</td><td>国五</td><td colspan="3">—</td></tr>
<tr><td>国六</td><td>34</td><td>33</td><td>33</td></tr>
<tr><td rowspan="2">M_2、M_3、N_2</td><td>国五</td><td>20</td><td>25</td><td>55</td></tr>
<tr><td>国六</td><td>45</td><td>25</td><td>30</td></tr>
<tr><td rowspan="2">N_3</td><td>国五</td><td>10</td><td>10</td><td>80</td></tr>
<tr><td>国六</td><td>20</td><td>25</td><td>55</td></tr>
</table>

第三节 试验设备及安装

一、试验设备

PEMS 试验设备主要包括控制系统、采样管线、排气流量计、污染物分析仪等，设备简图见图 7-1。

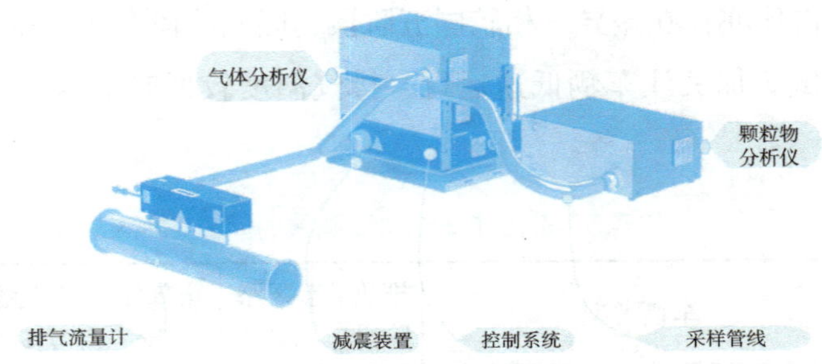

图 7-1 PEMS 常用试验设备简图

污染物分析仪主要包括气体分析仪和颗粒物分析仪等，不同原理的分析仪所测试的污染物种类有所差别，详见表 7-6。

表 7-6 分析仪及其测试污染物种类

<table>
<tr><th>序号</th><th>类型</th><th>分析仪名称</th><th>测试污染物种类</th></tr>
<tr><td>1</td><td rowspan="4">气体分析仪</td><td>不分光红外（NDIR）分析仪</td><td>CO、CO_2</td></tr>
<tr><td>2</td><td>化学发光（CLD）分析仪</td><td rowspan="2">NO_x</td></tr>
<tr><td>3</td><td>不分光紫外（NDUV）分析仪</td></tr>
<tr><td>4</td><td>加热式氢火焰离子（HFID）分析仪</td><td>THC</td></tr>
<tr><td>5</td><td rowspan="4">颗粒物分析仪</td><td>扩散电荷粒子计数器（DC）</td><td rowspan="2">PN</td></tr>
<tr><td>6</td><td>凝聚核粒子计数器（CPC）</td></tr>
<tr><td>7</td><td>声光法、扩散电荷法、微震荡天平等原理的测量设备</td><td rowspan="2">PM</td></tr>
<tr><td>8</td><td>滤纸、称重室、分析天平</td></tr>
</table>

二、设备安装

PEMS 设备的安装应不影响车辆的排放和性能，因测试设备较多，连接管线较复杂，安装过程中需重点注意以下几部分的摆放连接：主机单元（包括控制器、分析仪等）、排气流量计、排气污染物取样管线、卫星导航精准定位系统、车辆 ECU 数据读取设备、供电系统等。以重型货车为例，试验时设备安装示意图如图 7-2 所示。

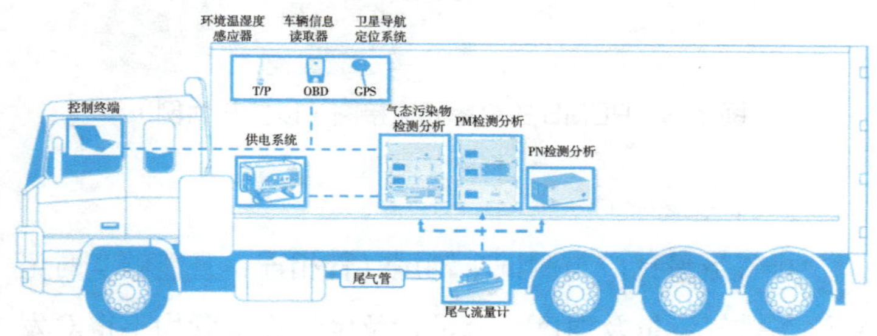

图 7-2 PEMS 主要模块及配件安装示意图（以货车为例）

1. 主机单元

应按照 PEMS 生产厂家的操作要求将 PEMS 主机安装在测试车辆上，且确保安装位置受环境温度、环境大气压、电磁辐射、机械振动及背景 THC（若使用助燃气为空气的 FID 设备）影响最小。安装过程中，尽量避免或减少设备的震动。通常，对于公交车，PEMS 设备主机需固定在公交车内，建议放于最后排座位上。对于重型货车，可将 PEMS 设备主机固定在卡车车厢（车斗）内部。主机单元实物连接图见图 7-3。

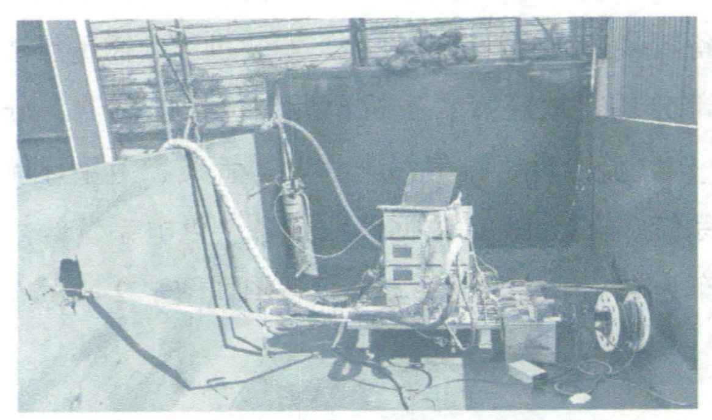

图 7-3 PEMS 主机单元连接图（以货车为例）

2. 排气流量计

排气流量计应与测试车辆尾气管相连，且能够实时记录汽车排气流量及温度。流量计及尾气连接管均不得对发动机或排气后处理系统的工作带来阻碍。通常，对于公交车，可将尾气流量计固定于公交车尾部。对于重型货车，可将尾气流量计固定于车辆排气口较近的货厢（货斗）板架下，流量计入口与尾气管出口之间使用不锈钢管连接，可使用耐高温连接软管辅助连接，尾气通过流量计后经气体采样管线和颗粒物采样管线分别进入气体和颗粒物检测仪中。尾气流量计实物连接图见图 7-4。

图 7-4 尾气流量计连接图（以货车为例）

3. 排气污染物取样管线

取样探头应安装在尾气流量测量装置后。颗粒物排气取样口应在尾气气流中线位置进行采样，且颗粒物取样和气态污染物取样之间不得相互影响。气态污染物加热采样管线（加热温度为 190℃ ±10℃）在取样探头和主机单元的连接点应绝热，以避免碳氢化合物在取样系统中冷凝。颗粒物采样时，从排气管到稀释系统和取样系统之间的所有部件，只要接触原排气和稀释排气，其设计均应将颗粒物的沉积和改变降到最低。所有部件应由导电材料制造且不得与排气发生反应，系统应接地以防止静电效应。

4. 卫星导航精准定位系统

信号接收装置应尽可能安装在最高处，同时避免在道路测试过程中受到障碍物的干扰。应能够实时记录车辆行驶经度、纬度及海拔。

5. 车辆 ECU 数据读取设备

应能够实时记录主要发动机参数，如发动机转速、发动机扭矩、发动机燃油消耗速率、发动机冷却液温度、车辆行驶速度等。发动机参数可根据 SAE J1939、SAE J1708 或 ISO 15765-4 等标准协议访问并获得测试车辆的 ECU 数据。

6. 供电设备与耗材

在不影响车辆发动机正常工作的情况下，PEMS 的电源可由测试车辆或安装在车上的其他便携式能源（如电瓶、燃料电池、便携式发电机等）供应。主要耗材包括线缆与插排、减压阀与标气、不锈钢喉箍与绑带等连接用物品。

通常，对于公交车，发电机或车载电池需固定在公交车内，建议放于最后排座位上。对于重型货车，可将发电机或车载电池固定在卡车车厢（车斗）内部。

第四节 试验流程

PEMS 试验整体流程示意如图 7-5 所示。

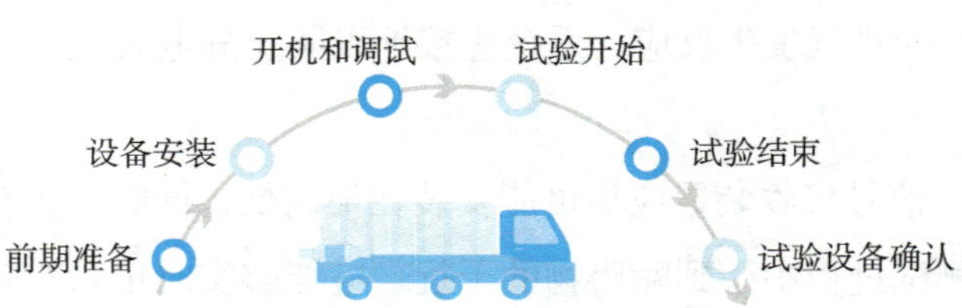

图 7-5 PEMS 试验流程示意图

一、前期准备

首先进行试验前期准备工作，包括车辆信息的核对、OBD 系统检查、对测试车辆进行加载等。

二、设备安装

待前期准备完成后，试验人员需将试验设备及配件进行装车固定。

三、开机预热和设备调试

将设备固定牢固后，开机对设备进行预热，待 PEMS 设备的压力、温度和流量等参数达到设备的工作设定值后，进行设备调试。

（1）对排气流量计和取样系统进行反吹。

（2）按照设备使用说明对取样系统进行泄漏检查。待设备预热完成后，使用标准气体对气态分析模块进行零点和量距点的检查，确保满足相关标准要求。

（3）按照设备使用说明对颗粒物分析仪进行压力、流量的标定。

四、开始试验

以上各步骤操作完毕且设备正常情况下可开始试验。

PEMS 应在车辆启动前开始采样，测量排气参数并记录发动机及环境参数。

在试验开始时车辆应为冷启动状态，发动机冷却液温度不得超过 30℃。如果环境温度高于 30℃，试验开始时发动机冷却液温度不得高于环境温度 2℃。此时测量的排气、发动机及环境参数仅做记录。当车辆行驶一段时间达到热车状态后，测量和记录的排气、发动机及环境参数作为正式测试数据进行达标判定。热车状态指车辆启动后，发动机的冷却液温度在 70℃以上，或者冷却液的温度在 5 min 之内的变化小于 2℃，以先到为准，但是不能晚于发动机启动后 20 min。

在试验期间，应持续进行排气取样、测量排气参数并记录发动机数据及环境数据。在整个试验过程中可以停车或重新启动，但排气取样应持续进行。试验时，至少每隔 2 h 对分析仪运行状态进行检查，以确认分析仪正常工作，但检查期间记录的数据应做好标记且不能用于排放计算。应确保设备试验过程中运行正常，且连续采集数据时长应满足最短试验持续时间。最短试验持续时间应满足测试车辆的累计功达到发动机 WHTC 循环功的 4～7 倍。

五、结束试验

当试验车辆跑完规定路线或发动机的累计功达到发动

机 WHTC 循环功的 4～7 倍时试验结束。试验结束时，应预留足够的时间保证 PEMS 的响应时间。

六、试验设备的确认

试验结束后应对设备进行核实与确认，并再次对测试设备进行零点和量距点漂移检查，检查方法参照 GB 17691—2018 标准。待试验数据满足要求后进行上传与下载，确保全部设备已关机后方可对设备进行拆卸。